本书受北京印刷学院学科建设项目"数字出版与传播协调创新平台建设"资助

DreamBook Author超媒体排版与制作工具教程

艾顺刚　董永志　主编

知识产权出版社

全国百佳图书出版单位

图书在版编目（CIP）数据

DreamBook Author超媒体排版与制作工具教程/艾顺刚，董永志主编.—北京：知识产权出版社，2017.12

ISBN 978-7-5130-5089-0

Ⅰ.①D… Ⅱ.①艾… ②董… Ⅲ.①电子排版－应用软件 Ⅳ.①TS803.23

中国版本图书馆CIP数据核字(2017)第217049号

内容提要

本书主要介绍了主流数字出版制作工具及其对比表，DreamBook Author的安装、升级和登录，工具的界面布局和功能，从项目生成、素材管理、对象导入、对象编辑，到文档设置、模版设置、完成预览并发布的基本制作流程，以及素材准备、对象工具元素的使用、三种动画效果的制作、常用的事件动作命令设置和添加不同JS代码呈现脚本等操作时的方法和技巧。本书还提供了30个典型的实操案例并讲解了其操作步骤，以及后台的激活、登录、成品管理、模板管理、素材管理、账户管理、统计分析的说明。

责任编辑：刘晓庆　　　　　　　责任出版：孙婷婷

DreamBook Author超媒体排版与制作工具教程
DreamBook Author CHAOMEITI PAIBAN YU ZHIZUO GONGJU JIAOCHENG
艾顺刚　董永志　主编

出版发行：**知识产权出版社**有限责任公司	网　址：http://www.ipph.cn
电　话：010-82000860-8363	http://www.laichushu.com
社　址：北京市海淀区气象路50号院	邮　编：100081
责编电话：010-82000860转8363	责编邮箱：396961849@qq.com
发行电话：010-82000860转8101	发行传真：010-82000893
印　刷：北京嘉恒彩色印刷有限责任公司	经　销：各大网上书店、新华书店及相关专业书店
开　本：787mm×1092mm 1/16	印　张：23.25
版　次：2017年12月第1版	印　次：2017年12月第1次印刷
字　数：560千字	定　价：78.00元

ISBN 978-7-5130-5089-0

DreamBook系列教材编委会

主　编：艾顺刚　董永志

副主编：林　进　刘　焱

总策划：张新华

编委会成员（排名不分先后）：

杜云波　景晓梅　马宁一　唐世发

吴正威　夏雯雯　徐品佳　鄢　博

杨云富　姚进德　殷荷婷　朱姗姗

序

数字出版产品（Digital Publishing Products）是在互联网时代、移动互联网时代，利用计算机技术、网络技术、流媒体技术、存储技术、显示技术等，通过计算机、移动终端、智能终端等展现内容的一种出版形式。这种产品与纸载体（书、刊、报）和其他载体（磁带、唱片、VCD）形式不同，是多媒体表现形式与人机交互相结合的产品。

传统的内容创作和出版物的制作模式已无法满足数字出版产品的需求。数字出版强调内容的数字化、加工与制作的工具化、传播的网络化、使用的智能终端化。本书结合文字、图片、声音、动画等表现媒体（多媒体）与交互（设备功能）媒体，介绍了富媒体产品的创作、制作和成品的过程。

若要适应未来数字出版产品创作与制作，提升技术素养是必不可少的。对字处理软件、表格处理软件、图像处理软件、音频处理软件、视频处理软件、动画处理软件等（这些软件的学习和掌握不在本书中涉及）的熟悉和操作尤为重要，因为这些软件的成果形成了数字内容的最基本片段，也称为数字化内容素材。

富媒体数字产品是通过富媒体数字产品工具对形成的文字、表格、图形、图像、动画、音频、视频等片段，进行组装、版面版式的排放、交互式的设计制作而成的。

本书可以作为出版专业高等教育、职业教育的专业课教材，通过学习训练掌握富媒体制作工具的原理和操作，并提升富媒体产品的加工与制作能力。

本书适合未来数字出版的从业者，学习与掌握富媒体数字产品的操作与制作；适合出版机构数字出版编辑和产品策划者，快速了解数字产品原型制作、试投市场、探索市场反馈，从而为最终数字出版产品设计进行准备。

新闻出版广电总局信息中心重大科技工程管理部

数字复合出版技术总监

孙 卫

2017年12月于北京

目　录

第一章　数字编辑的升维思考

"互联网+"时代对传统出版业提出了迫切要求,"创新思想""创新内容""创新驱动"是"互联网+"时代出版行业发展的重要趋势特征。本章分四节剖析互联网时代出版业发展方向、数字教育发展模式、数字阅读发展模式和知识服务发展模式。

- 从时代背景看数字出版的创新空间;
- 数字教育发展模式;
- 数字阅读发展模式;
- 知识服务发展模式。

通过学习本章,读者将会对互联网时代出版业发展动态有一个全面的认识,从而转变思维观念,以便将来从事出版业改进工作方式、科学定位数字产品和目标用户。在"互联网+"时代,需要传统出版业创新思想。当今,数字出版和传统数字出版最大的区别就是,传统的思维是产品化,做好一个产品之后,放在哪里去卖不重要。如今不一样了,离开平台来谈产品是没有意义的,我们现在应该是基于平台来考虑怎么做产品,所以有了"升维思考"的想法。"升维思考"的对立面叫"降维攻击",它是前两年比较流行的一本书《三体》[1]中的一个哲学观点。举两个例子来理解"升维思考"的概念:在平面上,从一个点到另一个点有直接的路径,但如果把平面弯曲,从一个点跳起来到另一个点,距离更短,这两个例子就是"升维思考"。再比如,北京交通很拥堵,车都在平面上跑,如果车能飞起来,从空中跑,这就不堵了。由此可见,升维思考是很重要的,有很多难题我们必须站在更高的维度思考。如果我们在更高的维度上思考,而竞争对手还在平面上思考,我们就很容易超车了。这种超车是因为思维更多元化、更优化,能够打破常规,产生革命性的、突破性的变化。

数字出版也是如此,如果还是停留在以前的平面思考的维度[2],就永远也找不到数字出版的创新之路。所以首先要从数字出版模式上做到升维思考。其次,在数字出版技术上也要做到升维思考。例如,动画、视频、微信和VR这些技术,需要我们将其叠加起来进行综合思考。也就是说,只有基于平台和技术结合的产品在新时代才可能有落脚之地。

---

[1]《三体》2006年出版,作者刘慈欣。2015年9月23日,中国作家刘慈欣凭借科幻小说《三体》(英文版第一部)获第73届雨果奖最佳长篇小说奖,这是亚洲人首次获得该奖项。小米创始人雷军表示:"《三体》不仅仅是本科幻小说,本质上是本哲学书,主要讲宇宙社会学,其中提到的黑暗森林、降维攻击尤其深刻。"

[2] 这里的"平面思考维度"指传统的"选题、撰稿、编辑、印刷"这样的维度。

第一节　从时代背景看数字出版的创新空间

小节提要

本节将介绍第三次工业革命赋予数字出版业发展的新特点，理解以用户为中心的互联网思维，从而锁定新时代背景下的目标用户和产品定位。

一、第三次工业革命赋予出版业的新特点

纵观世界文明发展史，人类先后经历了三次工业革命。每次产业技术革命都给人类生产、生活带来了巨大而深刻的影响。第一次工业革命是以蒸汽机技术的发明为特征的，它解放了劳动力，突破了劳动力的体能限制，提高了农业、工业的运作效率。第二次工业革命是人类开始进入电气时代，并在信息革命、资讯革命中达到顶峰。科学技术大量应用到工业中去，推动了社会的发展。第三次工业革命以原子能、电子计算机和空间技术的广泛应用为主要标志，是涉及信息技术、新能源技术、新材料技术、生物技术、空间技术和海洋技术等诸多领域的一场信息控制技术革命。除了各个专业领域的进步外，互联网信息技术已经成为背后的基础性力量，任何领域都离不开互联网信息技术的支撑。从本质上讲，第三次工业革命是以信息技术革命为核心的。这些技术应用带来的结果是，社会的运作效率大幅度提高，世界之间的联系更紧密。比如，美国的某些技术和项目可以分享到全世界，举世瞩目的中国高铁和背后支持的调度系统，以及智能制造和机器人等。这些都是第三次工业革命的产物。《第三次工业革命》一书中讲到"世界快如闪电"：从发明到大规模地运用，照相机用了122年，电话用了56年，而现代的电视只用了5年，激光用了2年。面对知识的快速迭代，我们现在压力越来越大。《奇点临近》这本书里描述道：在20世纪的100年时间里，新增的知识总量等于过去人类有文明记载的总和；而从2000到2014这14年的时间，人类创造出的知识总量等于20世纪100年创造出来的知识总和；从2015年算起，接下来的7年创造的知识总量将等于前14年创造的总和。由于人类知识急速膨胀，我们进入了一个知识大爆炸的年代。《世界是平的》一书认为"世界被削平，国际格局随科技而变"。国际竞争的本质是经济实力的竞争，而经济实力的竞争本质上是科学技术的竞争。凯文·凯利在《失控》这本书里讲到"众愚成智"，其中用了"蚂蚁"和"蜜蜂"的例子。蚂蚁和蜜蜂出去觅食，为什么走了很远还能回到原地？它们是如何把这条路线做到最优化的？蚂蚁和蜜蜂都是思维很弱化的小动物，但他们群体组合在一起就形成了"众愚成智"。它们各自按照简单的规则前行，但从组织上看就能看出这是最有效的优化选择。信息技术革命对人类的方方面面都产生了很大的影响，所以出版行业也不例外。出版业本身就是知识的传承者，还会按照以前的"专家写稿、组合、校验、发布"这样的方式传承知识吗？当然不是。方方面面的知识都在变化发展，一定是有自动化的机制、更优化的选择路径，提供海量的知识服务，这是出版业值得思考的地方。

　　因此，在第三次工业革命的影响下，笔者团队长期从事数字出版行业实践并结合出版业一些理论成果，从知识变化、发展的角度，发现了第三次工业革命赋予出版业的新特点：分布式、去中间化、去库存。什么是分布式呢？例如，第二次电力革命之后有几个中心。发电厂每年产生几百万千瓦的电力向外输送，以前是集中化的，从一个中心向周围传递。但现在不一样了，如新能源，每个家庭的房顶都能发电，然后把这些电并入网络输送给需求方，就变成了多对多，供应与需求都是分布式的了。但在传输路径上，它们不可能是机械化的组合，不是把所有的电并入网络、由网络再做分配，一定有就近原则。在整个大的网络基础上，每个局部会在内部优先传输，这就是分布式，以分布式的方案解决了供需的压力。将分布式的概念应用在数字出版业上，对以某些提供在线阅读的企业来说，我们认为它是没有"升维空间"的，没有办法形成一个更优化的组合。为什么呢？第一，因为这些企业首先要与出版机构谈版权，这是有周期的。由于大家都跟它去做版权上的对接，消费者全都要到这些企业提供的APP上找书，所以这些企业的运作效率会影响整个供需双方的运作效率。第二，运作效率不仅体现在书上，基于书还要考虑到后面的增值服务，如教育、电商等。一个企业不可能把这些问题都解决掉，所以它将来也一定是分布式的。再举个例子，比如摄影、摄像这类纸书。这类APP或网站只有围绕摄影、摄像提供多种增值服务，如开展"驴友活动、摄影比赛、摄影器材团购"等，才有实现分布式的可能性。个别企业不可能把这种事情做深、做透，未来也没人独自就可以把它做深、做透，只有分布式才能实现。所以，跳出平面的思维方式来思考，这样的企业只能卖书，或基于卖书开展一些原创、评选这样的活动，只能解决粗浅的服务问题，不可能做深、做透。但分布式属于信息革命，以前信息不通畅、交换频率不高、获得商业信息的成本高，很难实现理想的信息交换；而现在信息基础设施、技术的获得越来越通畅了，人人都可以创造单独的创新实体了，这就是技术带来的变化。什么是去中间化？在互联网发展的背景下，出版业的作者可以抛开出版社，跟读者直接在线见面。目前，网络文学的飞速发展就是去中间化。什么是去库存呢？随着互联网的发展，我们完全可以做到按需生产，读者可以根据需要进行在线预订，出版从业者或出版社可以根据读者需求生产相应的电子书和纸质书，从而减少以往纸质书的积压库存。

二、互联网思维

　　若在第三次工业革命赋予了出版业"分布式、去中间化、去库存"新特点这个背景下思考数字出版，则需要我们找出自己的生存基点、价值创造的基点，同时还要有互联网思维。如何理解互联网思维呢？第一，互联网思维是以用户为基础的，而非产品。第二，为用户提供好的产品和服务。它其实传递给用户的是一种价值，这种价值最终物化成产品和服务，因此我们要有极致的思维。现在人人都可以直接对接用户，到达用户的成本极大降低，用户一定会聚集在提供极致化产品和服务的平台上。用户最终考虑的是性价比，现在到达用户的成本几乎为零了，交易的完成可以通过网站或APP快速实现。此时"马太效应"就出现了，强者愈强。而在这种白热化的竞争状态下，就要有极致的思维。但极致的产品是如何做出来的呢？传统的纸质书必须要精雕细琢，视觉和内容要做到精益求精，然后才能推向市场，因为产品的更替周期很慢，会以年为单位周期进行再版。但互联网产品不同，可以随时更新，要有迭代的思维，执行效率很关键。同时，流量思维也很关键，卖书的收入已经微不足道，重要的是要把书作为连接用户的窗口。有了用户的连接，导入用户流量，我们就能够掌握背后的大数据。所以要认识到，出版社并不仅仅要卖书。卖书（尤其电子书）实际上创造不出多少效益，要知道书是获得用户的一种途径。电子书对于用户的连接不仅仅在买书的那一刹那，还贯穿于整个看书的过程。理论上说，后面都可以收集并分析用户的数据，可以与在平台上读书的用户建立长久的联系。有了用户、有了流量，掌握了大数据，后面再做的事情才可以跨界融合。

社会化思维其实就是社群经济，并不是在跟一个人做生意。每个人背后都有复杂的社会关系的，要通过一个人把这种社会关系调动起来。第一，加速推广。第二，创造更多的流量。这就是社群经济。从大数据的角度来理解就比较清楚了。识别相关数据后，可以做一些推送或其他一些延伸服务。但是如果跨出出版业来谈，就很不落地、很空洞，让用户缺乏体验感。

三、回归出版业新形势下发展的本质

数字出版是一种新兴的出版业态。进入21世纪以来，数字出版技术日益成熟。数字出版企业稳步发展，数字阅读的受众面持续扩大，凸显了数字出版的价值。数字出版从业者应认清新形势下的发展本质。

从微观角度来讲，首先要进行目标定位。出版业必然是为读者服务的，在升维思考的指导下，我们要锁定目标客户群体，为他们提供某些专有的价值服务，如业务清单、服务清单等。

其次，要进行路径选择。通俗地说，就是出版从业者或出版社应该采取什么样的运营手段，让出版社尽可能地降低成本、读者尽量少花钱，实现出版社的利润和读者满足的最大化，从而实现各自的价值。

总之，互联网技术发展，给出版社和读者用户都带来了各种变化。我们出版从业者或出版社要以不变应万变、要有万变的灵活性，并保持一定的弹性，但是不能没有目标地变。路径在变，我们的思维模式在变，但不变的是我们的起点、清晰的目标和有序的结构。

课堂总结

通过本节学习，要在互联网背景下，学会升维思考、理解第三次工业革命赋予出版业发展的新特点。应利用互联网思维，认识新形势下出版业的发展本质，指导我们站在一个新的高度开展的出版业务工作。

练习与答案

练习

1.举例说明什么叫升维思考？

2.第三次工业革命赋予数字出版业新特点是什么？

3.什么是互联网思维?

4.在出版业新形势下,发展的本质是什么?

答案

1.在平面上,从一个点到另一个点有直接的路径。但如果把平面弯曲,从一个点跳起来到另一个点,距离更短。如北京堵车,车都在平面上跑,如果车能飞起来,从空中跑,这就不堵了。这两个例子就是升维思考。

2.第三次工业革命赋予了出版业新特点:分布式、去中间化和去库存。

3.互联网思维是以用户为基础的,为用户提供极致的产品和服务。

4.首先,锁定客户群体和提供专有服务清单。其次,采用升级思维指导下的运营手段,让出版社的利润和读者满足的最大化。

第二节　数字教育发展模式

小节提要

数字教育是互联网技术发展的教育新形态,本节将重点分析数字教育需求侧和价值表现。

一、数字教育的需求侧分析

随着移动互联网技术的发展,出现了一种新型的教育形态——数字教育。它的发展模式主要有三种:一是在线学习。用户可以通过教学服务网络平台、课外阅读交流学习平台、在线家教等形式进行学习。二是自主学习及网络面授。用户可以通过远程互联网,利用在线或离线的电子课本、电子书刊、作业等进行自主学习。三是个性化、一对一定制服务。学习平台记录用户的学习轨迹、发布学习报告单,针对存在的问题推送学习资源以提供量身定制的一对一的个性化服务。它的特点就是用户可以随时、随地地进行学习。接受这种形式学习的用户通常是"90后""00后"。他们的群体特点是富有理想、渴望社交、喜欢学习和主动使用媒介等。因此,根据数字教育发展模式,首先要理解用户的变化,一切从用户出发。用户获取信息的方式一直在改变。如今,移动互联网已经成为主要的沟通媒介。其次,重视超媒体。超媒体能够满足"90后""00后"对知识信息的重大需求,而且把知识动态化、趣味化、娱乐化、系统化,让学习不再单调无趣,并成体系。与此同时,学习社区是核心,用户要在学习的过程中建立一个社交圈,找到学习的朋友、知音,进行学习竞争、排名,追求趣味性。最后,要做好大数据服务。数字教育平台系统,能够进行智能分析,能全程监控学习者学习过程,针对不同维度进行分析,给他们提供合理的学习指导和改进建议。

二、数字教育的价值表现

在互联网环境下，重视建设以内容为核心、以工具为载体、以路径为依据、以学习社区为"根据地"的数字教育新模式已经形成。"书、课、题、轻游戏"四位一体的"数字教育资源库"即内容，内涵数字教材教辅、微视频、微动漫、游戏学习和智慧题库，资源库建设应注重应用场景，以用户体验至上；学习工具、学习平台是手段、是载体，学习者在社区平台进行学习、交友；利用对学习者学习行为等的大数据分析，诊断学习问题、推送学习资源，从而实行因材施教。这正表现了数字教育的价值——快乐、高效和自适应，同时也代表了未来数字教育的学习方式。

课堂总结

数字教育的发展需求需要重视用户、超媒体、社区化和大数据，从而体现其快乐、高效和自适应的价值和未来发展方向。

练习与答案

练习

1.在数字教育发展中，应该考虑哪些现实的需求？
2.数字教育发展的价值是什么？

答案

1.首先，要理解用户的变化，一切从用户出发；其次，重视超媒体；然后，要重视社区化；最后，要做好大数据服务。
2.学习者利用社区平台资源库，进行学习、交友，平台大数据进行分析、诊断、推送学习资源，从而实现因材施教。这正表现了数字教育的价值——快乐高效和自适应。

第三节　数字阅读发展模式

小节提要

数字技术的发展促进阅读媒体改变。数字阅读的深入开展，也带动了盈利模式的变化和跨界融合。

一、数字阅读技术发展

按照"百度百科"的解释，"数字阅读是指阅读的数字化，主要包括两层含义：一是阅读对象的数字化，也就是阅读的内容以数字化的方式呈现，如电子书、网络小说、电子地图、数码照片、博客、网页等。二是阅读方式的数字化，即阅读的载体，终端不是平面的纸张，而是带屏幕显示的电子仪器"。与发达国家相比，我国的数字阅读起步较晚，在技术进步、内容扩展、产业融合、国家支持等众多因素的协调作用下，经过十多年的酝酿和积聚，数字阅读高速发展的环境才日趋成熟。随着信息网络技术的发展，涌现出"多媒体""超媒体""跨媒体""融媒体"等众多技术。目前，数字阅读产品已从平面、富媒体走向超媒体；由原来的纸质文字书籍朝着电子书、有声书籍、动漫技术、3D虚拟现实技术和电视电影的形式转变，这将极大地激发读者的阅读兴趣和爱好，从而促进数字阅读产业跨越式发展。目前，技术催生的阅读模式主要表现为如下六种：①网络阅读。它是一种新型的阅读方式，以其方便、快捷、环保等特点受到人们的青睐。②电子阅读器阅读。它指专门为了显示文本而设计的设备，阅读网上绝大部分格式的电子书就可以采用LCD、电子纸为显示屏幕的新式数字阅读器。早期代表是汉王，如今被平板电脑和智能手机所取代。③平板电脑阅读。它是一种小型电脑，以触屏为输入设备，给用户提供非凡的服务与体验。④手机阅读。它以提供各类电子书微内容，实现多样化的阅读形式，受到越来越多的出版运营商和用户青睐。⑤体验阅读。它是指基于实体店阅读方式。在这里，读者也是消费者。他们既可以方便、简单、快捷地阅读海量的电子文献、体验数字阅读，又可以以消费者的身份享受店里舒适愉快丰富多彩的环境。⑥数字书店阅读。它指在机关、企事业单位、学校等公共场所设立多媒体数字购书终端、大型触摸屏，融数字图书、数字报刊、艺术图库、实体图书查询订购、营销推广等一体，把新华书店搬到城市各个角落，让市民随时、随地逛书店，满足读者多样化的阅读需求。❶

二、数字阅读应用发展

由数字化浪潮引发的受众阅读环境、阅读习惯的改变，带来了数字阅读的大发展，形成了产业融合，使电子、电信、出版、传媒、网络这些行业的界限彻底被打破。数字阅读行业开始进入更为宏观的服务业范畴，陆续出现新的商业模式。充当受众与数字阅读提供商和技术提供商桥梁角色的数字阅读产业，既面临难得机遇，也面临种种挑战。在数字阅读应用发展模式中，应保持用户连接、建立一种垂直关系。这种垂直关系将是深社交和实现增值服务的前提。有了这个前提，保证大量精品阅读内容的生产，通过精品阅读、版权等引导用户流量，并通过竞争性阅读、交友等社交形式沉淀用户，从而以增值服务的方式实现数字阅读的盈利。因此，企业只有不断创新数字阅读应用发展模式，政府制定数字阅读标准规范，打破传统出版业按介质区分的行政分割。只有为数字阅读产业进一步提供良性发展的宏观和微观环境，才能极大地延长出版物的产品线，实现内容资源价值的最大化，为广大受众提供更优质、更全面的精神食粮。

课堂总结

通过本节的学习，我们了解到数字阅读技术的发展催生了不同形式的阅读媒介。随着技术的深入发展，数字阅读要加强商业模式的创新、应用和行业规范，从而更好地满足用户需求。

---

❶高立. 近年来我国数字阅读发展研究[J]. 图书馆研究，2014（22）.

练习与答案

练习

1.技术催生下的数字阅读模式有几种？

2.互联网技术的发展促进行业不断融合。在此背景下，出版业数字阅读如何创新应用保持健康、持续的发展？

答案

1.技术催生的阅读模式主要有以下六种：①网络阅读；②电子阅读器阅读；③平板电脑阅读；④手机阅读；⑤体验阅读；⑥数字书店阅读。

2.互联网技术和出版业不断融合，出版业数字阅读模式也出现了多种形式，由平面、富媒体走向超媒体。这种变革吸引了很多用户、与用户建立了一种垂直关系，这种垂直关系将是深社交和实现增值服务的前提。有了这个前提，保证大量精品阅读内容的生产，通过精品阅读、版权等引导用户流量，并通过竞争性阅读、交友等社交形式沉淀用户，以增值服务的方式实现数字阅读的盈利，从而保持出版业健康、持续的发展。

第四节　知识服务发展模式

小节提要

受知识经济和信息环境网络化、数字化的双重冲击，出版业要更好地生存和发展，必须转变传统的知识服务方式和内容，积极探索和开展深层次的"知识服务"。本节将介绍知识服务，以及出版社知识服务的含义、特点、实施和模式。

21世纪，随着网络化的进一步发展，信息已成为最重要的生产要素和战略资源。信息的传递、交流和使用成为推动社会进步的内在动因，知识创新和应用能力成为组织的核心竞争力。出版社作为社会重要的信息资源基地，国家信息基础设施和资源的提供者，传统的信息服务已难以适应知识经济的发展和知识创新的需求，正面临知识服务模式变革、发展的严峻挑战。

一、互联网时代出版业知识服务转型升级

什么是知识服务？知识服务是指围绕着目标用户的知识需求，在各种显性和隐性知识资源中有针对性地提炼知识，通过提供信息、知识产品和解决方案，解决用户问题的高级阶段的信息服务过程。

出版社所开展的知识服务分为三层。第一层为信息服务，是指出版社为目标用户提供书

讯、图书基本信息、数字产品信息服务。第二层为知识产品，是指出版社根据目标用户的需求所提供的数字图书馆、条目数据库和以知识体系为核心的知识库产品。第三层为知识解决方案，是指出版社根据用户个性化、定制化的知识需求，为目标用户提供点对点，以及直供、直连、直销的知识化的问题解决方案。

出版社知识服务的主要特征有三点。第一，知识服务注重社会效益和经济效益。出版社将来生产和发展的主体业务应该是提供知识服务，并且多数情况下提供的是有偿的知识服务。第二，能够提供多层次、跨媒体、全方位的知识服务。首先，出版社所提供的知识服务可以包括信息资讯服务、数字产品和知识解决方案且层次性差别明显，既能够满足一般用户大众化的、扩展知识的需求，也能够满足特定用户个性化、解决特定知识问题的需求。其次，出版社能够提供包括纸质介质、网络介质、终端介质等在内的多介质、跨媒体的知识服务。再次，出版社所提供的知识服务既能满足特定专业、特定领域的用户需求，也能满足普通社会大众的知识需求，服务范围包括整个社会，属于全方位的知识服务。第三，知识服务是出版社转型升级的最终目标。我国的数字出版转型升级工作推行了数年，部分出版社已经实现了一定程度的业态转型，但是国内出版单位目前的经营主业仍然是提供纸质的图书产品。从转型升级的最终目标来看，包括但不限于纸质图书的知识服务应当是出版社经营发展的最终走向。因为出版社有大量的资源可满足人类对智慧、知识、信息的数据需求。有自身的品牌、有专业编辑、专家资源和专业组织方式，很容易进行转型升级迎合行业发展趋势。

二、出版社知识服务实施和服务模式

出版社开展知识服务，需要在统一的知识服务战略规划的指引下，建立不同学科领域的知识结构和资源整理，经过充分的市场调研，以目标用户公共性、特定性的知识需求为导向制定产品方案，围绕知识资源的获取、知识资源的组织、知识资源的管理进行动态聚合，最终实现知识资源的应用，并以此对外围目标用户提供各层次的知识服务和增值服务，不断地修正知识结构。

出版社开展知识服务，大致包括两种模式：扩展性知识服务和定制化知识服务。

扩展性知识服务不针对具体问题，以学习知识、拓展知识面为目的的用户，针对意欲拓展的知识领域提供较为科学的研究方向和相关数据资料。扩展性知识服务的主要形态有如下四种：①数字图书馆。出版社按照学科体系或者行业应用为分类标准，提供综合性、全面性或者特定行业、特定领域的数字图书、期刊、报纸，以及其检索、复制、粘贴、关联等多项服务，如中国法学院数字图书馆、中国少年儿童数字图书馆等。②专业数据库。出版社按照特定行业或者特定专业，以海量条目数据作为基本知识素材，提供检索、查询复制、粘贴、推荐、关联等各种服务，如北大法宝数据库、皮书数据库等。③知识库产品。以知识体系为内核，综合采用文字、图片、音视频等多种知识素材，围绕特定领域、特定行业甚至是特定问题，提供一站式的知识服务。知识库产品是新兴、先进的知识服务类型，融入了知识体系的内核，能够满足特定领域的知识需求，目前正处于探索和建设阶段。④大型开放式网络课程（MOOC）。出版社按照不同的学科领域，集中拍摄、制作各个领域权威教授的网络课程，通过互联网传播的手段，面向规模巨大的学生受众群体进行开放和提供服务，如人民卫生出版社的人卫MOOC联盟产品。

定制化知识服务是根据用户需求，以欲解决的问题为目标，不仅为用户检索并提供数据，更要根据相关知识对提供的数据进行筛选、清理、拆分和重组，提供解决问题的产品或者方案。定制化知识服务的主要形态有三种：①个性化知识解决方案。通过用户特定类别、特定领域的个性化知识问题需求，提供点对点的直联、直供和直销的知识解决方案，以满足用户的个性化知识需求，如励德·爱思唯尔的数字化决策工具。②移动型知识服务平台。遵循移动互联网传播规律，以知识元数据为资源基础，以通信技术为支撑，针对用户个性化、定制化的知识需求，采取模糊匹配、语音回复等方式，提供个性化知识的解决方案。法律出版社正在研发的手机律师产品便属于这种类型。③小规模限制性在线课程（SPOC）。根据企业需求创建小规模限制性在线课程，为特定用户提供服务。SPOC将课堂人数控制在一定数量，并对课程活动做出明确规定，如在线时间、作业完成情况和考试及格线等。需要指出的是，SPOC课程产品是对MOOC产品的改进和扬弃，它能够有效提高出版机构和目标用户的互动性，并且能够提高课程的完成率和通过率。

综上所述，部分出版社已经在扩展性知识服务方面研发了相应的知识产品，并且取得了一定的社会效益和经济效益，尽管这种效益比例占出版社整体收入还相对较低。但是与此同时，仍然有大部分出版社在知识服务方面还没有形成清晰的知识服务战略规划，没有完成相应的知识积累、知识资源的转化应用，还缺乏一支了解知识服务原理、通晓知识产品研发、洞察知识服务规律的复合型出版人才队伍。此外，还应看到，尽管出版单位已经在知识服务方面进行了探索和试点工作，但是目前的成果仍然局限于扩展知识服务范畴，对于如何针对特定群体、特定个人的目标用户提供定制化的知识服务，出版单位还没有产生示范性、引领性的服务模式和服务案例。一言以蔽之，知识服务转型之路，还有很长的道路要走❶。

课堂总结

通过本节学习，了解了在互联网环境下什么是知识服务，并解析了出版业知识服务的含义、特点、实施方式和服务模式，为以后有志于出版业知识服务的人铺平了探索之路。

练习与答案

练习

1.什么是知识服务？出版业知识服务的含义和特点是什么？

2.知识服务如何实施？知识服务的模式是什么？

答案

1.知识服务是指围绕目标用户的知识需求，在各种显性和隐性知识资源中有针对性地提

---

❶ 张新新.出版机构知识服务转型的思考与构想[J].中国出版，2015（24）.

炼知识，通过提供信息、知识产品和解决方案，解决用户问题的高级阶段的信息服务过程。出版社所开展的知识服务分为三层。第一层为信息服务，是指出版社为目标用户提供书讯、图书基本信息、数字产品信息服务。第二层为知识产品，是指出版社根据目标用户的需求所提供的数字图书馆、条目数据库和以知识体系为核心的知识库产品。第三层为知识解决方案，是指出版社根据用户个性化、定制化的知识需求，为目标用户提供点对点、直供直连直销的知识化的问题解决方案。出版社的知识服务，其主要特征有三点。第一，知识服务注重社会效益和经济效益。第二，知识服务能够提供多层次、跨媒体、全方位的知识服务。第三，知识服务是出版社转型升级的最终目标。

2.出版社开展知识服务，需要在统一的知识服务战略规划的指引下，建立不同学科领域的知识结构和资源整理，经过充分的市场调研，以目标用户公共性、特定性的知识需求为导向制定产品方案；围绕知识资源的获取、知识资源的组织、知识资源的管理进行动态聚合，最终实现知识资源的应用；对外为目标用户提供各层次的知识服务和增值服务，不断地修正知识结构。出版社开展知识服务，大致包括扩展性知识服务和定制化知识服务两种模式。

第二章　数字编辑的技术胜任力

数字出版呈现内容生产数字化、管理过程信息化、产品形态多媒体化和传播渠道网络化的特征，给出版业带来了天翻地覆的变化，也对编辑主体提出巨大挑战。相对于传统出版编辑主体而言，数字出版编辑主体的编辑力构成也必然要适应时代而发生的重大变化。数字出版编辑主体除了最基本的知识储备和编辑技能之外，还需要培养信息力、创新力、整合力、新媒体传播力、思维力这五种必备之"力"。

在本章，将从以下三个方面进行剖析。

● 数字编辑的知识结构；
● 数字编辑的类型；
● 数字编辑的技术要求。

学习后，可以对数字编辑的技术胜任力有一个全面的了解。

第一节　数字编辑的知识结构

小节提要

本节介绍数字出版时代的编辑需要具备的基础理论、实务能力和高层次知识。

"编辑力"这一概念是由日本著名出版人鹫尾贤也提出的。在其所著的《编辑力——从创意、策划到人际关系》一书中，编辑力被描述为编辑主体的一种必备能力，包括编辑策划力、编辑组织力、编辑审读力、编辑加工力、人际交往力和出版营销力等，是编辑主体综合素质的体现。编辑力的高低不仅决定了编辑主体能否胜任编辑工作，还决定了编辑主体生产的出版产品的品质和社会价值，更决定了编辑主体的编辑劳动是否能够带来可观的经济效益。与传统出版产业相比，数字出版呈现内容生产数字化、管理过程信息化、产品形态多媒体化和传播渠道网络化的特征，给出版业带来了天翻地覆的变化，也对编辑主体带来了巨大的挑战。传统的"编辑六艺"不再是编辑主体编辑力的全部。在数字出版时代，编辑力的构成必须要适应时代的要求而发生相应的变化。[1]具体来说，数字时代的编辑力构成，可以细

---

[1] 曹世生.数字出版时代的编辑力构成研究[J].今传媒，2016（24）.

分为基础理论、实务能力和高层次知识三个方面。基础理论是数字编辑的认知基础，包括传播理论，职业道德、行政规范与政治理论，数字出版产业分析，信息技术基础，法律与版权。实务能力是数字编辑工作职责与能力的综合体，包括策划与创意设计、编辑制作、发行与推广的营销策略、定价策略和数字版权。高层次知识是指参与数字出版机构的运营管理，包括数字出版产业战略选择与定位，数字产品规划与研发管理，数字资源整合，数字产品运营与改进策略，财务分析与资本运作。

总而言之，数字时代编辑主体编辑力的构成要素，事实上是要求编辑主体能成为数字出版产品的"产品经理"，能够拥有强大的信息能力、创新能力、整合能力、新媒体能力、思维能力，统筹数字出版产品"策划—设计—制作—测试—营销—互动—反馈—更新"的全过程。这也是未来优秀数字出版编辑主体值得期待的职业方向。

课堂总结

本节介绍了数字时代的"编辑力"构成：基础理论、实务能力和高层次知识三个方面和未来编辑主体的职业方向。

练习与答案

练习

1.数字编辑主体的知识结构是什么样的？
2.未来优秀数字编辑主体的职业方向是什么样的？

答案

1.数字时代的编辑力构成，可以细分为基础理论、实务能力和高层次知识三个方面。基础理论是数字编辑的认知基础，包括传播理论，职业道德、行政规范与政治理论，数字出版产业分析，信息技术基础，法律与版权。实务能力是数字编辑工作职责与能力的综合体，包括策划与创意设计、编辑制作、发行与推广的营销策略、定价策略和数字版权。高层次知识是指参与数字出版机构的运营管理，包括数字出版产业战略选择与定位，数字产品规划与研发管理，数字资源整合，数字产品运营与改进策略，财务分析与资本运作。

2.数字时代的编辑需要能够拥有强大的信息能力、创新能力、整合能力、新媒体能力、思维能力，统筹数字出版产品"策划—设计—制作—测试—营销—互动—反馈—更新"的全过程。

第二节　数字编辑的类型

小节提要

本节介绍"互联网+"的浪潮，促使出版和技术融合，出版业对数字编辑人才也提出了新的要求；同时，结合出版业复合型人才总体需求将出版编辑人才进行了分类。

互联网的发展改变了各个行业的业态，出版业也不例外。我们正在面对的是一场重大而深刻的变革。2015年3月5日，李克强总理在政府工作报告中更是将"互联网+"的时代行动计划提升为国家战略。如何在这个时代找到人才，培养出人才，抑或现在的出版人如何让自己成长为人才，成为出版企业做大做强、出版人迅速成长亟须解决的问题。

在所有人才中，最需要的是全能型人才，但现实是"互联网+"时代的信息量越来越大，学科越来越多，分工越来越细，学科间的联系越来越紧密，相互间的渗透越来越深入。自然科学已有4000多个门类，社会科学仅哲学、经济学、社会学就包括300多个门类，凭借个人能力已无法全面掌握。因此，通才式人才越来越少，而专门领域的人才越来越多。

对于出版编辑人才也是这样，不求他是个全能型人才，但求他在某个领域或某些领域有所专长，更求他是个融合型人才。

一、"互联网+"时代对出版编辑人才的要求

互联网的发展正改变着出版业的业态，数字出版、网络出版将成为主要的出版形式。出版编辑人才需要顺应形势，同时符合出版的内在规律。除了要有良好的工作态度、职业兴趣等基本要求外，"互联网+"时代对出版编辑人才的要求主要体现在观念、知识和能力三个方面。这三个方面一直以来都是各类人才需要具备的素质，而在"互联网+"时代更需要加上时代的特征。

(一)观念

1.出版转型观念

要有传统出版面临出版转型是大势所趋的观念。"互联网+"正在改变出版的业态，这是一个不争的事实，也是未来的发展方向。这种改变和发展就是当前的潮流，而且是不可逆的潮流。虽然现在我们还不能明确知道这个潮流将会带我们到何方，何时才能平静，但我们应该知道正确的选择是顺势而为。

2."互联网+"的出版观念和人才观念

要有适应"互联网+"时代的出版观念和人才观念。无论是传统出版向互联网出版的转型，还是互联网企业向出版行业的渗透，我们都必须学会适应这新的变化。

3.重视出版内在规律观念

要有重视出版内在规律的观念。出版是人类对既有知识成果的固化和传播，是人类进步的阶梯。出版的内在规律就是重视内容。因为只有这样，出版才有意义。

(二)知识

1.政治知识

出版人是要讲政治的。出版编辑人才只有具备良好的政治知识和素养，才能承担起出版的社会责任。

2.出版专业知识

出版编辑人才一定要有扎实的出版专业知识，包括一定的人文、社科知识、科学素养，

以及专业的编辑出版知识。

3.计算机和新媒体专业知识

在"互联网+"时代，出版编辑人才必须具备计算机和新媒体方面的专业知识。在这个时代，如果不具备这些方面的知识，若要在出版领域有更大的进步，那是难上加难的。

(三)能力

1.政治能力和职业能力

这是能否作为出版编辑人的基本能力。

2.出版能力

这是能否成为传统出版编辑人才的必备能力。

3.数字能力和新媒体能力

这是能否成为"互联网+"时代出版编辑人才的必备能力。

4.市场能力

这是作为出版编辑人能否更好地发展下去的能力，毕竟出版企业的生存还是要靠市场的。

二、"互联网+"时代的出版编辑人才分类

在"互联网+"时代，对于出版编辑人才分类可以有很多种方法。比如，按照出版流程，可以分为经营管理人才、内容策划人才、产品设计制作人才、市场营销人才、客户管理人才等；而这里，要强调的是如何分类才能更好地找到培养人才的路径。

现在是一个出版和互联网技术融合的时代，出版编辑人才要适应这个时代，要学会把出版的各个环节全面融入"互联网+"中，主要可以分为内容编辑、技术编辑和营销编辑这三类。

(一)内容编辑

出版始终是内容的出版，需要对基于互联网的内容进行创新和创意策划。有了好的创意，还要保证其符合国家出版规范，消除各类差错，准确、正确地把内容传递给读者。

内容型出版编辑人才其实是出版生产的核心价值体现，但也往往是最容易被忽视的。有一句话是"无错不成书"，出版编辑人也经常以此来自我开脱；还有一句话是"文责自负"，如果真的认可这句话，出版的生产就变成了录入、上传或印刷，而这和在网站上发言、印小广告又有多大差别呢？

传统的内容型出版人才也要做到与时俱进，并学会利用和使用互联网时代的各种工具，早日成为"互联网+"时代的内容型出版人才。

(二)技术编辑

技术型出版编辑人才是指拥有互联网技术的出版编辑人才，在"互联网+"时代做出版，一定不能缺少的就是技术型出版编辑人才。

互联网技术贯穿现代出版的始终，它强大到改变了整个出版的业态，甚至影响了出版的每个环节；同时，也让每个出版人必须顺应它，不然就会被淘汰。在"互联网+"时代，技术型出版人才成为保障生产和领先他人的关键因素。

在"互联网+"的环境中，在新技术、新科技的强大推动下，海天出版社的许全军在《"互联网+出版"对编辑的素质要求》一文中提出："在'互联网+出版'时代，与互联网融合后，对编辑的素质要求比以前更高。编辑必须以互联网思维贯穿'选题策划——编辑制作——宣传营销'整个业务流程，熟练运用大数据、碎片化阅读、云计算等新技术手段。"在"互联网+"背景下，首先，出版人才要具备善用互联网的应用技术能力。编辑并非简单地将纸质版的内容加以数字化，以电子版的形式呈现，而是要结合网络传播渠道、运用大数据，分析读者阅读习惯和消费喜好、熟悉全媒体的内容表现形式，以符合"互联网+"思维下的选题策划、内容编辑和营销运作。这是一项相当系统化的工程。❶

（三）营销编辑

出版编辑人才需要在"互联网+"思维下适应产业变革，编辑已不再是传统出版时代仅仅掌握选题、组稿、审稿、加工、校对等文字工作即可，还需要时刻具备市场敏感度，利用互联网社交媒体挖掘选题的价值，拓展出版物的销量。营销应该贯穿整个出版流程之中，好的营销方案始于选题阶段，而非最后一蹴而就。目前，很多出版社的市场营销人员独立设置在发行部门，但并非意味着孤立于编辑流程之外，编辑人员也并非只懂得组稿编稿的文字工作，双方都应充分理解图书的营销。只有具备复合型的出版物营销宣传能力，才能根据市场变化做出迅速的反应和决策。❷

在"互联网+"时代，已很难发现和培养全能型人才，出版编辑人才的分类培养成为可行和现实的选择。如图2-1所示，数字出版人才的职业方向的数据表明出版单位更重视新技术的运用能力。

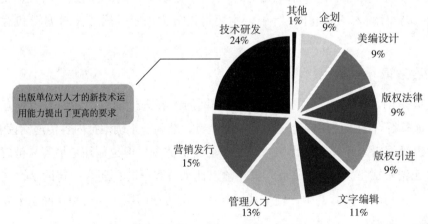

图2-1　数字出版人才职业示意图

课堂总结

本节介绍了"互联网+"背景下对数字编辑的人才要求，以及数字编辑人才的分类。

---

❶ 张翠."互联网+"时代出版人才培养新模式研究[J].编辑学刊，2015（5）.
❷ 同上。

练习与答案

练习

1.在"互联网+"时代，出版编辑人才要具备什么样要求？

2.在"互联网+"时代，出版编辑人才分几类？

答案

1."互联网+"时代对出版编辑人才的要求主要体现在观念、知识和能力三个方面。

（1）观念：①要有传统出版面临出版转型是大势所趋的观念；②要有适应"互联网+"时代的出版观念和人才观念；③要有重视出版内在规律的观念。

（2）知识：①出版编辑人是要讲政治的；②作为出版编辑人才一定要有扎实的出版专业知识；③在"互联网+"时代，出版编辑人才必须具备计算机和新媒体方面的专业知识。

（3）能力：①政治能力和职业能力；②出版能力；③数字能力和新媒体能力；④市场能力。

2.在"互联网+"时代，出版和互联网技术融合，出版编辑人才顺应时代发展分为三类，即内容编辑、技术编辑和营销编辑。

第三节　数字编辑的技术要求

小节提要

本节从工作实践的角度，分析数字编辑要学习技术的原因、掌握的程度和数字出版的相关技术。

一、数字编辑要求学习技术的原因

1.策划方案的需要

众所周知，数字出版是以技术为依托并且以技术贯穿全程的出版。但数字出版技术并不是专门针对出版开发的技术，它是一系列可用于数字出版的各种技术的集合。在数字出版中，内容和技术不是孤立的两个部分，而是你中有我、我中有你。因此，对人员素质的复合性要求也就源于此。编辑需要了解数字出版的相关技术，以此作为创意产生的基础。编辑对技术了解得越是深入透彻，就越有助于创新和决策。若知之甚少、人云亦云，则对内容的理解就只能停留在表面，难得真谛。

2.协助开发的需要

在开发中，编辑和技术人员的关系不是单纯地编辑要求技术人员实现方案的关系，而是充分了解对方基础上的协作关系。编辑和技术人员之间存在一堵隐形的"墙",双方往往用不同的"语言"在沟通。互相了解的程度,决定了双方在协作中穿透"墙",建立起"共同语言"的能力,也进一步决定了方案策划和技术实现的效果。

实际上,协助开发的过程往往是编辑透彻了解项目的实现机制、全面掌握相关技术、拓展自身技术视野的绝佳机会。

3.运营维护的需要

编辑在运营维护中必须掌握一定的工具和技术能力,用以完成日常工作。例如,各种资源加工的工具、系统平台的操作、DreamBook等,如图2-2、图2-3所示。❶

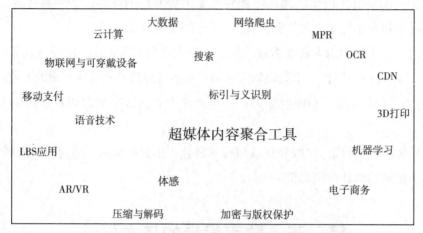

图2-2　超媒体内容聚合工具的功能

图2-3　DreamBook Author工具

DreamBook套件是技术的一个代表,它涵盖超媒体内容排版、制作、发布一体化全流程,采用非编程聚合和智能化界面,操作简易,使设计不再受时间、人员及技术的限制。

如图2-4所示,DreamBook Author工具支持实现三维渲染、3D动画、点击事件、移动活动等复杂场景快速创建。70多种易用的特效交互和应用场景,支持混合模式(一般图文格式和超媒体)的数字内容制作,可让你的创造力任意发挥,不受拘束。

图2-4　DreamBook Author工具的功能

❶ 石雄.数字出版对编辑的技术要求[J].科技出版,2011(5).

二、编辑掌握技术的程度

编辑掌握技术绝对不是为了承担技术责任，而是为了提高自身的工作能力。因此，对于大多数技术，编辑需要从宏观层面掌握其主要特点、适用范围、基本原理、发展趋势、使用成本等，帮助自己增强沟通水平、掌控项目实施、提高创新能力，完成运营维护。数字出版涉及的技术十分庞杂，编辑应首先了解和掌握一些常用的技术，建立技术知识的基本框架和基础，在实践中逐步拓展和提高。[1]

三、编辑应了解的数字出版相关技术

1.媒体加工技术

在数字出版中，内容媒体的组织和加工都由编辑完成。从类型上，这些媒体包括文字、图片、动画、音频和视频等。编辑需要熟练掌握各种媒体的格式、属性、转换、剪辑、标识等。例如，图片的剪切、尺寸调整、调色、格式转换，视频的剪辑、合成、压缩、字幕编辑，以及各种格式的大小、清晰度、版权保护机制等。常用的图片及音视频编辑软件有很多，使用中应不拘一格，只要能够满足工作需要就可以。

2.网站搭建技术

常用的网站搭建技术有静态网页和动态网页两种。

在网站设计中，纯HTML（超文本标记语言）格式的网页通常被称为静态网页。采用静态网页技术的网站，具有成本低、容易被搜索引擎检索等特点，但网站的更新和维护比较麻烦，并且缺乏交互性。因此，大型网站已经不再单纯采用这种技术。

动态网页使用的语言是HTML+ASP、HTML+ASP. NET、HTML+PHP、HTML+JSP等。动态网页的程序在服务器端运行，网站会随不同客户的请求，返回不同的网页。采用动态网页技术的网站可以实现用户注册、用户登录、在线调查、用户管理、订单管理、个性化页面发布等功能。动态网页技术大大降低了网站维护的工作量。

采用哪种技术建立网站，取决于网站功能需求和内容的多少。如果网站功能简单，内容更新量不大，可以采用纯静态网页的方式；反之，一般采用动态网页技术来实现。静态网页和动态网页之间也并不矛盾，为了网站适应搜索引擎检索的需要，也可以采用动态网站技术将网页内容发布成静态网页形式。

大型网站一般采用内容管理系统（CMS）来建立。CMS是建立在动态网站技术之上的，它消除了动态网站灵活性不足的问题。CMS可以对网站的全部内容进行控制，从频道设置、版面布局、模板建立、内容导航到版式调整，都可以方便地控制并可以具体到每个网页的内容。CMS系统一般会提供一个"所见即所得"的网页编辑器，即使不懂HTML语法的用户，也可以非常容易地更新和维护网站内容。当然，CMS系统也具有成本高、门槛高等缺点。

---

[1] 石雄. 数字出版对编辑的技术要求[J]. 科技出版，2011（5）.

3.网站的系统构成

数字出版网站一般包含多个系统，常见的有内容管理系统（CMS）、电子商务系统、单点登录系统（SSO）、版权保护系统、广告管理系统等。根据需求不同，数字出版网站还可能有一些特定的系统，如论坛、博客、题库系统、视频点播系统、机构用户管理系统等。构成网站的各个系统分工明确且相对独立，它们之间通过数据同步和交换来协同工作。编辑一定要了解数字出版网站各个系统之间的功能划分、数据存储的划分、数据同步和交换的规则等，以便尽可能早地提出自己的要求，使开发人员更好地考虑系统的扩展性。

4.XML 技术

在数字出版中，往往会涉及各种内容资源的组织、加工和展示。如何处理多种多样的数据格式是一个突出的问题。XML（eXtensible Markup Language 可扩展符号化语言）的出现，统一了信息收集的数据格式，给数据交换带来了一场革命。

XML是用来描述和存储数据的，为了更好地理解XML的功能和运营维护逻辑，必须先了解什么是数据，以及如何存放数据。XML使用文档类型定义（DTD）或者模式（Schema）来描述数据。

XML的最大优点是，它的数据存储格式不受显示格式的制约。一般来说，一篇文档包括三个要素，即数据、结构和显示方式。XML 把文档的三要素独立开来，把显示格式从数据内容中分离出来，保存在样式单文件（Style Sheet）中。如果需要改变文档的显示方式，只要修改样式单文件就行了。XML数据以纯文本格式存储，和软硬件无关。因此，XML数据的出现使数据跨操作系统、跨平台、跨应用程序和跨浏览器变得十分方便。

用XML来保存数据成为当前数字出版的主流，编辑应予以重视。

5.数据库技术

目前，流行的大型数据库产品有 Oracle、SQL Server 和 MySQL 等。大型数据库系统在功能、安全性和扩展性方面提供了更好的解决方案。选择什么样的数据库，以及基于数据库的开发是技术人员的职责，但编辑需要了解一些数据库的基本知识，以便更好地参与数据库的规划设计，特别是方案设计中的功能扩展性评估。编辑既应该了解数据库建模、实体关系模型（E-R图）和索引机制等相关的数据库技术，又要了解数据库中设计了哪些表、表有哪些属性、表之间的是什么关系，以及哪些字段被经常性地检索等。

6.检索技术

信息检索技术包括信息的分类、标引、检索、评价和反馈等过程。目前，最前沿的信息检索技术包括以下方面：关键词检索（全文检索）、分类导航检索、同义词（异构词）检索、聚类信息检索、截词检索、精确检索、字段检索、网站超链检索、库间跳转检索、多库同时检索、布尔检索、数字检索、二次检索（多次逼近检索）、自然语言检索、定题检索、手机检索等。出版物内容管理面对的是出版单位的大量文稿数据。编辑在方案策划时，需要充分理解检索技术的含义，参与检索技术的筛选，确定内容分类、标引、重组的方案，建立内容资源的知识关联体系。

7. 数字版权保护技术

数字版权保护（Digital Right Management，DRM）技术有多种，包括电子文档版权保护、视频版权保护、动画版权保护、网页拷贝保护、光盘防复制保护、在线认证保护、绑定硬件保护、IP范围限制等，每种还包括很多具体技术。版权保护技术具有有效保护和妨碍使用的双重特性，是把双刃剑。编辑需要了解各种保护技术的操作机制、保护强度、优缺点、对用户体验的影响等，以便进行综合评价，做出相对合理的选择。

8. 搜索引擎优化技术

搜索引擎优化（Search Engine Optimization，SEO）是指利用搜索引擎的搜索规则和对网页的检索特点，让网站建设各项基本要素适合搜索引擎的检索原则，从而使搜索引擎收录尽可能多的网页，达到提高网站点击率的方式。SEO已经成为网站营销的重要方式，需要编辑、技术人员和营销人员共同掌握，只是各自掌握的侧重点不同。编辑主要掌握页面优化的原则，用于指导日常的内容加工和处理工作。例如，搜索引擎优化应当遵循下面几个原则。定期更新网站，每一页都应具备和本页内容相符的标题、描述、关键词，每页的关键词必须出现在页面内容中且具有一定密度，尽可能避免大量的 Flash 应用；导航系统绝对不应该使用 Flash，不使用 Frame；重点内容应该以静态链接的形式在首页推荐，希望被搜索引擎收录的页必须使用静态地址等。

9. 用户体验相关技术

随着 Web 2.0 的发展，互联网的应用越来越重视良好的用户体验。Web 2.0 应用最大的特点是以用户为核心，用户参与内容建设。相关技术能够为用户提供低网络能耗、快速的数据传输，多样化、定制化的服务，以及良好的交互式界面和交互响应速度，从而最大化满足用户的需求。提高用户体验的相关技术有 Flash 和 Flex、AJAX、信息聚合、P2P 等❶。

Flash 和 Flex 由 Macromedia 公司发布。Flash 是一个强大的矢量动画编辑工具，Flex 是基于 Flash 的开源的跨浏览器和跨平台的开发框架。两者都可以开发出美观的动态交互界面，获得良好的用户体验。Flash 偏向的是美术动画设计人员，容易发挥特效处理的优势；而 Flex 偏向开发人员，更容易做出具有丰富交互功能的应用程序❷。

AJAX（Asynchronous JavaScript And XML，异步 JavaScript 和 XML）是几种技术的组合，包括 HTML 或 XHTML、CSS、JavaScript、DOM、XML、XSLT 和 XMLHttpRequest。AJAX 使用 XHTML 和 CSS 标准化呈现，使用 DOM 实现动态显示和交互，使用 XML 和 XSTL 进行数据交换与处理，使用 XmlHttpRequest 对象进行异步数据读取，使用 JavaScript 绑定和处理所有数据。AJAX 采用异步传输数据的方式与服务器通信，客户端浏览器与服务器只传输需要的一小部分数据，用户看到的只有部分数据刷新，而无须等待整个页面刷新。这种技术减少了数据传输量，节省了网络带宽，使互联网应用的响应速度变得更快❸。

❶林海波，赖文. 如何利用 Web2.0 技术改善用户体验[J]. 图书馆学研究，2008（12）.

❷百度百科.[EB/OL].[2017-06-11]. http://baike.baidu.com/view/7641.htm. Flash.http://baike.baidu.com/view/623340.htm. Flex.

❸百度百科.[EB/OL].[2017-06-11]. http://baike.baidu.com/view/1641.htm. AJAX.

　　总体来说，编辑掌握数字出版技术的目的不是开发，而是策划、管理、协作和运作。如图2-5所示，编辑掌握的数字出版相关的技术越多，对自身的工作就越有利。❶因此，出版机构要加强组织机构变革进行重构，在数字出版时代，离开平台就无法谈产品。

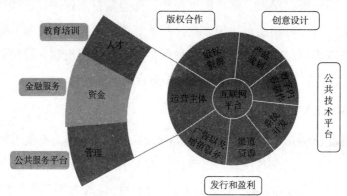

图2-5　数字出版技术

课堂总结

　　本节从工作实践的角度，分析了数字编辑要学习技术的原因、掌握的程度及数字出版的相关技术，从宏观层面明确了数字出版对编辑的技术要求。

练习与答案

练习

　　1.数字出版时代，编辑为什么要学习技术？

　　2.数字编辑对技术要掌握到什么程度？

　　3.数字编辑要了解哪些相关数字编辑技术？

答案

　　1.（1）策划方案的需要；（2）协助开发的需要；（3）运营维护的需要。

　　2.对于大多数技术，编辑需要从宏观层面掌握其主要特点、适用范围、基本原理、发展趋势、使用成本等，帮助自己增强沟通水平、掌控项目实施、提高创新能力，完成运营维护。数字出版涉及的技术十分庞杂，作为编辑，应首先了解和掌握一些常用的技术，建立起技术知识的基本框架和基础，在实践中逐步拓展和提高。

　　3.（1）媒体加工技术；（2）网站搭建技术；（3）网站的系统构成；（4）XML技术；（5）数据库技术；（6）检索技术；（7）数字版权保护技术；（8）搜索引擎优化技术；（9）用户体验相关技术。

---

❶ 石雄. 数字出版对编辑的技术要求[J]. 科技出版，2011（5）.

第三章　数字出版制作工具

本章将介绍市场上的主流超媒体制作工具，产品介绍及产品优势。通过学习，你将了解各种工具的优势、使用偏好侧重点等信息，对未来的工作和学习进行指导。

在本章中，主要有两部分内容：

● 主流工具介绍；

● 主流工具横向对比表。

学习本章后，可以从纵向和横向对目前市场上的主流工具有一个全面的了解。

第一节　主流工具介绍

小节提要

本节内容介绍目前市场上主流的超媒体制作工具，包括了全平台国家认证的超媒体制作工具 DreamBook Author、专注于 HTML5 开发的 Cellz、针对专业化创意制作的 Epub360、高互动课程开发软件 Articulate Storyline、打造全新逻辑的 AxeSlide，以及专注于系统排版工具方正飞翔6.0工具的介绍。这些超媒体制作工具针对的侧重点不同，各有千秋。作为数媒行业从业者，对行业全局市场进行了解，能够更好地发挥创意、利用优势，创作出理想的作品。

一、DreamBook Author 工具介绍

DreamBook Author 是一款基于 Windows 系统的超媒体排版与制作工具，其制作的电子书可以在 iPad、iPhone 和 Android 等终端上进行播放，是国家新闻出版广电总局指定的超媒体电子书工具。DreamBook Author 工具的可执行程序如图 3-1 所示。

图3-1　DreamBook Author 工具程序的图标

（一）DreamBook Author 概述

DreamBook Author 是超媒体内容排版制作的专业工具。通过智能化的界面，简易操作，可以让设计不再受到时间、人员和技术的限制。

(二)DreamBook Author特色功能介绍

超媒体排版与制作工具DreamBook Author，融合了移动交互内容、仿真场景排版制作、丰富的动态效果、多媒体自定义化插入、多种特效模块等独创性技术，支持实现三维渲染、3D动画、点击事件、移动活动等复杂场景快速创建，通过视、听、触觉全面结合展现沉浸式触屏体验。

1.可视化创作与排版

DreamBook Author无须进行编码或自定义开发，操作简便，易学易用。

如图3-2所示，DreamBook Author包含12种易用的交互特效。

它独有的游戏处理引擎、OpenGL ES2.0、强大的文件兼容能力、支持混合模式（一般图文模式和超媒体）的数字内容制作，以及支持HTML5等特点，让操作人员的创造力不受拘束。

2.平台覆盖

DreamBook Author支持web端、移动终端，支持高清晰触摸屏、智能电视全覆盖，可实现真正随时随地的碎片化阅读。

3.支持广告模式和多种付费方案

它集成SNS社区、读者互动、即时通信应用及增值服务体系，如图3-3所示。

图3-2 功能特效　　　　　　　　　　　图3-3　支持项目

4.触屏滑动顺畅,操作一目了然

它能赋予用户更多的自由度和控制权，创造极致的超媒体阅读体验。

5.阅读插件

超媒体内容工具无须定制研发独立应用程序，方便接入客户程序，支持与客户后台数据打通，提供账户数据导入。

6.平台管理

DreamBook Author能提供各项API的调用，方便客户搜集数据到自己的后台。它还拥有账户管理接口、图书管理接口、数据分析接口，可以通过它检查和展示使用DreamBook Author制作的超媒体内容。

7.管理系统

它的管理系统有以下特点：海量空间的特色云服务，全方位云端管理协同；融合数字版权授权和保护方案，轻松实现图书的云端更新并同步多平台应用程序；独有的大数据分析系统，全面挖掘用户需求。

二、Cellz工具介绍

Cellz是一款免费的交互多媒体制作工具，支持多种特效、多重交互、图文编排和交互设计等，为设计师提供了包括页面设计、交互设计和网络应用设计等多方面的工具模块，同时还提供了丰富的特效模版。

(一)Cellz概述

Cellz支持基本的图文编排与交互设计运用。多种特效内置模板，可进行调用制作，并且在页面上可叠加多重交互效果。多平台发布的特性使Cellz适用于各种网络应用设计。

此外，Cellz支持XML输出格式。有了它，可轻松地制作交互多媒体，非常实用。这款软件可以让不懂写代码的设计师也能轻松做出精美的iPad应用。目前，最火的iPad杂志《时尚男人装》就是用这款软件制做的，只须会一点Photoshop和PPT的使用基础，就能轻松做出精美的APP应用。

通过使用Cellz可以制作以下内容，如图3-4所示。

原型设计
动态效果怎么沟通都不能让程序员明白的时候，不如直接实现出来。具备用户交互的原型，才是真正的原型

独立APP
相信我，对于展示类与讲述类APP，Cellz比程序员更靠谱。支持发布APP STORE与各大Android应用市场

常态化内容生产
Cellz可以让你的APP或网站告别千篇一律的图文展示，把HTML5作为常态化内容去创作与发布吧

数字杂志
看看《时尚芭莎》iPad版怎么玩转数字杂志。用Cellz，你也可以实现这样的酷炫效果

儿童读物
猜字谜、讲故事，把纸质书搬到iPad上，加上音效与动画。让内容生动有趣起来

A/B测试
快速实现差异化版本在小范围内测试，哪个版本好，让数据来说话！Cellz帮你寻找到最佳方案

商品展示
吸睛夺目利器，更有bigger的商品展示方式。告别让别人抓狂的长图文介绍，让展示立体起来

交互式广告
增强广告的互动性，趣味性与体验度，实现病毒式传播的不二利器。Cellz提供一次创作多平台多渠道发布

培训课间
比PPT更生动炫酷，更适合移动终端的表达。最重要是便于传播与阅读

电子卡片
表达诚意或装点门面，第一印象很重要。让你的邀请与祝福光彩夺目，与众不同

图3-4 Cellz功能描述

但是，Cellz制作工具对安装平台有限制，目前仅默认iOS系统。

(二)Cellz特色功能介绍

1.交互式引擎

如图3-5所示，Cellz具有超级流畅、强大、扩展性强的HTML5渲染引擎，具有可匹配原生程序的流畅体验。

图3-5　交互式引擎

2.全平台解决方案

一次制作多渠道、多平台分发，制作内容支持iOS、Android、Web网页多种格式，再也不用担心跨平台问题。

3.专业文字排版

支持图文绕排；支持段落样式的保存与复制，美观高效。

4.灵活的图形编辑

图形大小，旋转与裁切，配合钢笔工具，可灵活处理各种图形与图像。

5.多种操作方式可供选择

多种操作方式的结合，可以让内容更灵活多变，具备趣味性与实用性，如图3-6所示。

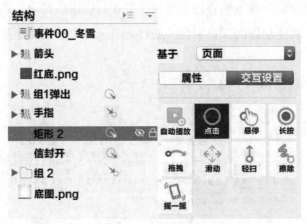

图3-6　多种操作方式

6.全新的交互实现方式

通过可组合嵌套的状态集与动画，Cellz几乎可以满足所有交互设计的实现，如图3-7所示。

图3-7　交互实现方式

7.数据交互组件

超媒体不仅仅是炫酷的展示，通过Cellz，还可以实现趣味测试、报名等交互模块，甚至做一个带内容管理后台的网站。如图3-8所示。

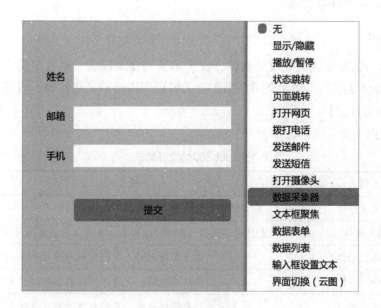

图3-8 报名模块

三、Epub360工具介绍

HTML5交互设计利器具有专业功能满足个性设计。Epub360不同于模板类的HTML5工具，专业级的功能能满足更多的个性化设计诉求。它是众多荣获中国广告年度大奖专业机构的选择。

Epub360采用由简到难的递进式产品设计模式，尊重用户已有的软件使用习惯。它在保证专业度的同时，能将常用效果组件化，最大限度减少用户的上手难度，提高设计效率。

（一）Epub360概述

1.专业级动画控制

Epub360是目前唯一支持SVG路径动画、SVG变形动画，精细化序列帧动画控制的HTML5设计工具，真正做到了专业级的交互动画控制。

2.专业级交互设定

手势触发、摇一摇、拖拽交互、碰撞检测、中立感应和关联控制等，结合Epub360提供的数十种触发器控制，可完全满足个性化交互设计的需求。

3.专业级社交应用

国内率先支持微信高级接口JSSDK，可实现获取昵称头像、拍照、录音等功能、结合投票、评论、助力、信息列表组件，可轻松实现社交互动类HTML5的设计。

4.专业级数据应用

参数变量、条件判断、数据库等高级数据组件，可轻松实现测试题、抽奖、社交轻游戏类HTML5设计，未来将实现WebAPP级别的专业应用可视化设计。

(二)Epub360特色功能介绍

1.核心交互组件

Epub360作为一款专业级交互设计软件，除了丰富的动画设定、触发器设定功能外，还研发了众多强大的交互组件，并在全国率先支持无编程调用微信高级接口，可满足不同的设计场景，实现快速设计交付。

Epub360包括以下交互模式，见表3-1。

表3-1 Epub360的交互模式

序号	交互模式	模式说明
1	拖拽交互组件	具有逻辑判断的拖拽组件，实现拼图、智力问答如此简单
2	HTML组件	支持嵌入网页、HTML压缩包，方便与第三方应用功能整合
3	SVG路径动画	唯一支持SVG矢量图形的描边动画
4	序列帧组件	支持序列帧动画控制，支持序列帧的单帧细粒度交互
5	参数变量组件	使交互设计具有逻辑判断，支持与或判断，提升交互级别
6	计时器组件	倒计时、正计时触发，可将时间纳入交互设计
7	微信拍照、录音	无须编程调用微信拍照接口，增强用户参与感
8	碰撞检测	可检测元素碰撞反馈，结合参数组件，轻松设计小游戏
9	信息列表、游戏排行	灵活的信息列表组件，实现排行榜、饼图、统计图表
10	助力、投票组件	营销传播利器，让用户参与互动传播
11	高级交互表单	收集数据也可以做的与众不同
12	系统参数	判断是否关注公众号以及识别手机系统，可进行区别化设计

2.满足HTML5设计四个层级需求

评价一款HTML5设计工具，可以从动画、交互、互动和数据四个层级来判断。Epub360是目前少有的能满足四个层级标准需求的专业化设计工具。Epub360 2.0版编辑器不仅加强了专业功能，在易用性方面也有了大幅提升，如图3-9所示。

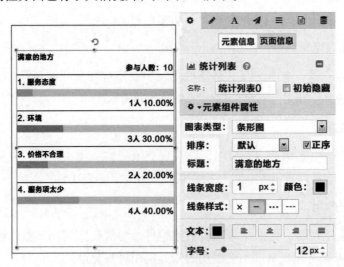

图3-9 Epub360 2.0新版界面

（1）动画展示

一个生动的HTML5作品，应具有丰富的动效。Epub360除了提供基本的动画外，还支持路径动画、序列帧动画。作为专业级工具，它还支持组合动画及动画组管理、动画时序管理。

（2）触发交互

不同于模版类工具，Epub360提供高自由度的交互设计，通过用户的触发行为进行内容的交互呈现，同时还通过触发反馈来增强用户的交互体验。它还支持页面触发、组件触发、动画触发、手势及摇一摇触发。

（3）用户互动

Epub360国内率先支持微信高级接口，支持微信拍照、录音、身份认证，借助参数变量控制，可以设计互动级的HTML5，提升用户的参与及游戏性，让读者参与内容的修改，形成读者自己的内容，满足读者的社交需求。

（4）数据应用

应用级的HTML5，需要逻辑判断及服务器端的数据交互。Epub360目前已支持参数赋值、交互式表单、评论、投票等功能，无须编写代码，就能完成轻游戏及数据应用HTML5设计。

3.满足多样化商业交付

如图3-10所示，Epub360能够实现商业交付功能。

图3-10　Epub360商业交付功能

4. 支持精细化事件统计

Epub360除了常规的浏览统计外，还支持自定义推广渠道统计，支持细粒度事件统计，配合触发器，可以获取被观测按钮点击次数，目标行为转化率等事件行为统计。

5.满足企业级协同应用

Epub360企业版，支持子账号管理，便于多部门异地协同工作。它通过企业公共模板库，可以统一设计符合企业业务需求的公共模板，供多部门共享。它通过集中地发布审核流程控制，确保作品符合企业管理标准。

四、Articulate Storyline工具介绍

Articulate Storyline 是一个独立的、单机版的E-learning多媒体互动课件开发工具。它以其独特的设计、人性化的操作界面、丰富的素材库和简洁的设置方法受到用户的欢迎。如图3-11所示。

图3-11　Articulate Storyline软件

（一）Articulate Storyline概述

Articulate Storyline 是美国 Articulate 公司2012年5月发布的（有中文版）。它是目前最强大、最简单的高互动课程开发软件，也是世界排名第一的E-learning课件制作工具。

1.集成大量制作工具

Articulate Storyline集成了大量制作工具（如屏幕截图工具、录制屏幕工具、音频编辑工具等）。它在制作界面和功能上，与PPT有很多相似的地方。使用者上手快，经一天学习就可以熟练掌握。

2.强大的交互功能和题库功能

Articulate Storyline最具特色的是其强大的交互功能，通过触发器的设计，可以制作出强大的交互功能。用户可以在课件上互动，这是其他课件制作软件不能比拟的。

题库有：打分类（11种题型），调查类（9种题型），任意题型（5种题型）等功能。录制者可以建立强大题库，从题库中随机抽取。

3.可生成多种课件方式

Storyline可生成脱机课件（在未安装Articulate Storyline的电脑上播放）和符合SCORM1.2标准的课件，可以在苹果iPad、智能手机（安卓）上播放。

（二）Storyline特色功能介绍

1.直观的用户界面

不用再担心学习曲线，Articulate Storyline的设计目的就是让工作变得更简单。其界面十分直观和简便，哪怕使用者是第一次使用也可立刻上手，无须培训。如果之前学过PowerPoint，那更是事半功倍。

2.丰富的模板

Articulate Storyline内嵌常见互动，模板库可自制和扩充。持续更新的模板可帮助使用者立刻定制互动课程。如图3-12所示。

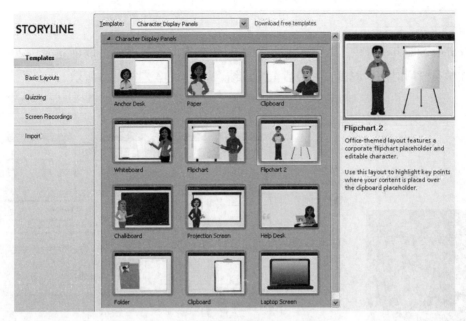

图 3-12　Articulate Storyline 模板库

3.丰富的角色

Articulate Storyline 可以省去到处找人物素材的麻烦。动画人物加上照片人物的姿势与表情组合总计 47500 种人物、表情和动作。只要轻点鼠标，就可以选择想要的人物，并可以改变他们的动作和表情。如图 3-13 所示。

4.革命性的互动

通过页面层+触发+状态，可以组合出无限可能的互动式学习。

Triggers：选择要建立的互动和动作，对要发生动作的条件进行设置。

SlideLayer：在同一页面可以创建多种互动。

States：通过设置对象的状态，对应学员的不同操作。

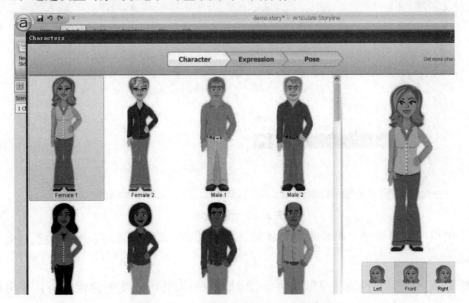

图 3-13　Articulate Storyline 人物素材

5. 测试

Articulate Storyline提供了表格式和页面式两种方式。通过模板可以创建多达20种问题，也可以在学员学习时随时测试，并最后汇总成绩。如图3-14、图3-15所示。

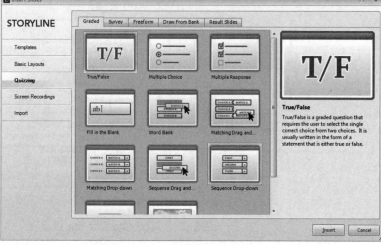

图3-14　测试互动界面　　　　　　　　　　图3-15　测试设置界面

6. 录屏

强大的录屏功能，可添加字幕、角色和缩放功能，还可将录屏直接转换成考试。如图3-16所示。

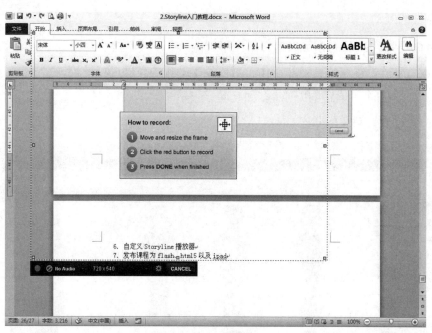

图3-16　录屏功能

软件模拟：一次录制，可呈现浏览模式、尝试模式（有提示框）、测试模式（有测试反馈）三种模式。

动作微调：无须变更原始录制文件，微调录制效果并可改变关键帧，可让录屏课件更完美。

7.发布成HTML5、Flash和移动设备

Articulate Storyline是新一代的课件制作工具，发布的课程可广泛用于iPad、电脑、笔记本、安卓系统等更多领域。Articulate Storyline还可发布HTML5格式，这是最新一代的多媒体互动技术格式。如图3-17所示。

Flash iPad HTML5

图3-17 Articulate Storyline发布的格式

五、AxeSlide工具介绍

人们已经有除了PPT之外的更多选择，AxeSlide"斧子演示"正是选择之一，如图3-18所示。AxeSlide斧子演示是一款简单而有趣的演示文稿制作软件，由一支国内的技术团队开发，在2015年5月开始公测，10月发布2.0正式版，用户已超过10万。目前，全新的www.ax-eslide.com官网上线，用户可以直接在官网注册获得个人主页和空间，上传分享作品、下载官方模板，制作演示文稿更加简便。

(一)AxeSlide概述

AxeSlide是基于HTML5 2D/3D技术开发的，支持主流的Windows和OS X系统。类似Prezi，它演示的内容都会呈现在一张大画布上，利用平移、旋转和缩放，可以推进、拉出来查看详细内容。同时，此软件支持插入图片、音视频文件，并提供一些模板可供下载。

AxeSlide以动博网这个展示平台为依托，以建立相对孤立的离线软件工具借助平台构建一定的社交属性为理念。它代表既锋利又灵活的意象。未来AxeSlide在国内教育、商务领域等应用方面，具备一定潜力。

(二)AxeSlide特色功能介绍

1.提供全新的演示形式

颠覆传统PPT的线性思维，AxeSlide"斧子演示"采用全局感设计，由"线"拓展到"二维空间"。如图3-19所示，展示内容都被平铺在一整张画布上，用户可以通过平移、旋转、缩放等方式，推进、拉出，查看详细内容。

相对于传统演示文稿，AxeSlide的展示方式更加灵活。不同于PPT在每帧切换时需要真人解说，AxeSlide每秒30~60帧的播放速度使画面衔接流畅，逻辑缜密。此外，AxeSlide"斧子演示"还采用了SVG（可缩放矢量图形）格式，保证图片在缩小和放大的过程中不产生变形、失真现象，保持界面稳定。

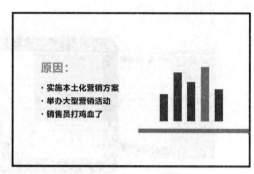

图3-18　AxeSlide 工具标识　　　　图3-19　AxeSlide 演示文稿

2.耗时短、易上手

在过去，想用传统演示文稿做一个高质量的文件耗时较长，而AxeSlide可以很大程度上解决这个问题。用AxeSlide制作一个完整的演示文稿耗时较短，一般仅需5~10分钟。在AxeSlide的官方网站上，有1000余种模板及素材可供下载。如图3-20所示，用户在自由选择模板后，直接加入内容，一个完整的演示文稿便制作完成。这种"傻瓜"式的制作模式对用户要求无门槛限制，无论初学者还是专业者，都可以轻松完成。

图3-20　AxeSlide模板库

3.随时随地播放

不同于传统演示文稿只能在电脑上操作、播放的局限，"斧子演示"能够实现有浏览器的地方就能播放。据杨文海透露，一开始做AxeSlide的时候是借鉴腾讯，采用HTML5中的CSS3（层叠样式表）技术进行研发，但因为功能不完善和效果不够好而放弃。之后，技术团队选用了HTML5中开发难度较大的"Canvas"（画布）技术进行产品迭代，经过不断尝试，终获成功。现在，以HTML5为核心的技术使在AxeSlide上完成的演示文稿可实现云端存储，移动端设备无缝连接。用户可随时在电脑、手机或平板设备上进行展示，消除了教学只能在教室中进行的局限。

六、方正飞翔6.0工具介绍

方正飞翔6.0是北京北大方正电子有限公司重磅推出的一款全新面貌的多形态出版编排设计工具，是对上一代产品方正飞翔2012的继承和发展。它在继承方正飞腾、飞腾创艺、方正飞翔等老版本产品优势功能的同时，大幅改进了软件人机操作交互界面并提高了软件操作的易用性。该款产品主要分为专业版、数字版两个主要版本，用户可以按照实际需求进行选择和安装。其中，方正飞翔6.0专业版主要用于科技期刊、教材教辅、书籍杂志、企业内刊、商业广告的传统出版印刷物的设计制作。方正飞翔6.0数字版主要用于制作基于平板电脑、智能手机等移动终端设备的交互杂志、互动图书、数字教材、教学课件、企业专刊的数字出版物。

(一)方正飞翔6.0概述

方正飞翔6.0专业版除了继承飞腾创艺5.0商业版、方正飞翔等老版本软件的强大功能，以及高效和稳定的优势外，重点在软件易用性方面有了较大的提升。它充分吸收并融合了排版、办公、设计软件的优势，在整体界面风格、界面布局、功能分类、层次划分上进行了精心设计。方正的新老用户，都能很快熟悉并使用新的操作方式，学习起来更轻松，使用起来更便捷。

方正飞翔6.0数字版保留了版面设计编排的基本功能，弱化了传统印刷出版的专用功能，增加了丰富的互动组件，提供了数字出版物制作的动画示意，广泛采用了模板、向导、预置样式等功能。用户只要有使用PowerPoint或其他设计软件的经验，就可以轻松上手。无论是出版领域专业从业者，还是众多的师生，都能迅速掌握。

(二)方正飞翔6.0特色功能介绍

1.全新界面风格——易用

如图3-21所示，方正飞翔6.0的全新界面设计高端、大气、上档次。它充分吸取了各类排版、办公、设计软件的优点，对界面布局进行了合理的规划和层次划分，软件的易用性得到了显著的提升。

2.无处不在的帮助——体贴

方正飞翔6.0除了提供完整的帮助文档，还提供了无所不在的Tip提示，如图3-22所示。只要将鼠标轻轻地滑动到

图3-21 方正飞翔6.0界面

需要了解的界面上，就能感受到飞翔研发团队对用户细致入微的关怀。

图3-22　方正飞翔6.0提示功能

3.兼容Word——实用

飞翔6.0有超强的Word兼容能力。它不仅能够将文字、图片及表格在内的所有内容原样导入，还可以将Word里的公式全部导入并且再编辑。它对Word文件的样式也可导入编辑，如Word文件中的流式分栏、锚定对象、脚/尾注、流式拆分表格、OLE对象等。

4.Word导出功能——强大

飞翔6.0提供了强大的Word导出功能，包括导出复杂的表格、科技公式，并能在Word中进行再加工。这一功能为科技论文、教材教辅的资源重用和多形态出版提供了极大的方便。

5.公式排版——变革

飞翔6.0有国际专利的科技公式输入法，支持mps和S92风格。它使用自然语言进行数学、化学公式的录入。在录入过程中，可自动对公式中的函数进行正体识别。此外，它还能方便和快速地利用键盘交互式绘制有机化学结构式和电子层结构。飞翔是科技排版的最佳选择，为科技论文、教材教辅的出版增添了强劲的动力。

6.表格制作——轻松

不管是期刊常用的三线表，还是年鉴所必需的跨页表，甚至是公交车常用的里程表，使用飞翔，都可以随心所欲地进行制作。如果要以饼图、柱状图显示数据，飞翔的图表插件能够帮助用户快捷地完成此项操作。

7.版本策略划分——专注

方正飞翔6.0分为专业版、数字版，版本更加精炼、贴切、专注。数字版专门用于数字杂志、数字教材、教学课件的制作。各个版本之间文件互相兼容。所有版本对飞腾4.1、飞腾创艺商业版、飞翔低版本文件都能给予良好的兼容。

8.数字内容制作——专业

方正飞翔6.0数字版继承了飞翔设计编排的基本功能，弱化了传统印刷出版的专用功能，增加了丰富的互动组件。这使飞翔数字版一出生便站在了巨人的肩膀上。在数字杂志、数字教材上，读者能够充分享受到印刷时代专业而严谨的版面体验。

9.互动组件创建——简单

方正飞翔6.0数字版分为数字杂志、数字教材两个子版本。它所提供的互动组件更具有针对性。如图3-23所示，互动组件以模板的形式创建，用户只需要在对话框中指定相应的素材即可完成创建。通过组件组合，还能够得到更加丰富的互动呈现效果。

10.数字出版流程——便捷

如图3-24所示，飞翔6.0数字版提供了强大而便捷的制作流程，包括创建文件、版面制作、版面检查、版面预览、dPub输出、文件打包。此外，它还能够方便地上传dPub数据包至云平台供阅读器下载。

图3-23 方正飞翔6.0互动组件

11.页面视图窗口——直观

飞翔6.0数字版提供了页面管理视图，能够方便地对页面进行浏览，并支持拖动、删除、复制等操作，使页面操作更加直观。

课堂总结

本节主要介绍了目前市场上主流的超媒体制作工具。作为数媒行业从业者，只有对行业全局市场进行了解，吸收各个软件的优缺点，才能够更好地发挥创意、利用优势，创作出理想的作品。

图3-24 方正飞翔数字出版流程

练习与答案

练习

1. 主流超媒体制作工具有哪些？

2. 哪个工具是覆盖功能面最全面的？

3. 适用于出版社的制作工具是哪个？

答案

1. 全平台国家认证的超媒体制作工具DreamBook Author、专注于HTML5开发的Cellz、针对专业化创意制作的Epub360、高互动课程开发软件Articulate Storyline、打造全新逻辑的AxeSlide，以及专注于系统排版工具方正飞翔6.0工具。

2. DreamBook Author。

3. 方正飞翔6.0工具。

第二节 主流工具横向对比表

小节提要

介绍完主流工具后，接下来将对工具进行一个横向对比。通过对比和总结，能够直观全面了解在各项功能模块下各工具的优缺点和侧重点。

下面将通过5个功能模块对主流超媒体制作工具进行一个横向的对比分析。

一、提升工作效率——横向对比表

主流工具支持导入一些其他格式的文件，提供一些内置模板、自定义模板或动画模板，以及一些其他特殊功能，见表3-2。它们可以增加工作的便利性，从而提升实际工作的效率。

表3-2　提升工作效率对比表

提升工作效率	导入的文件	内置模板	自定义模板	动画模板	其他特殊功能
Epub360	无	提供各类模板	可以将自己的页面设置成模板，以供后期使用	内置动画模板（不可修改）	无
Cellz	可直接导入PSD（滤镜蒙版不可导入）	有12种模板可以使用	可以将自己的页面设置成模板，以供后期使用	内置动画模板（可修改）	无
Articulate Storyline	PPT；导入问题，支持Excel电子表格和文本文件导入	内置20多种题目模板	可从其他案例中提取	内置动画模板（不可修改）	提供7个互动式幻灯片；提供动画刷；自动恢复（文件莫名闪退后，再次打开文件可
DreamBook Author	可导入PDF/TXT(UTF-8)/Word文档/PPT文档/Epub文档	有（不是内置模板，为自己整理的模板库）			自由编辑
AxeSlide	无	提供各类模板	有（不是内置模板，为云空间内自己上传的模板库）	内置动画模板（不可修改）	屏幕比例自适应；自动恢复（文件莫名闪退后，再次打开文件可自行恢复）

二、服务体系——横向对比表

5种软件的后期培训、售后服务、内容服务及产品服务方面的服务体系的对比分析，见表3-3。

表3-3 服务体系对比表

服务体系	后期培训	售后服务	内容服务	产品服务
Epub360	视频教程；购买企业增强版有专人在线服务，并提供一次半天的培训	体验版本及以上：论坛、邮件、QQ群企业增强版：专人在线服务；提供一天的免费培训	提供免费模板	去LOGO（自定义加载页）；隐藏360域名
Cellz	企业用户提供在线培训	无	试用用户及以上版本：提供12组预设模板（可修改）；可自定义模板；提供后台资源库付费用户及以上版本：无限次使用数据交互组件；企业用户及以上版本：提供音方案	付费用户：可无限制发布作品到后台服务器；可本地导出HTML5；可定制进度条；可无限制使用数据交互组件企业用户：提供合并器，支持团队协作；提供5个付费子账号；免费提供一次APP打包与发布服务合作伙伴：提供价值20万元书架程序一套；提供10个付费子账号；提供支持FTP；满足您网站、APP常态化内容发布需求
Articulate Storyline	无	无	可下载免费案例参考	

续表

服务体系	后期培训	售后服务	内容服务	产品服务
DreamBook Author	面授/视频/视频教程	有（品牌部）	可下载免费案例参考；提供专业的数字出版内容制作服务；软件平台会定制开发；单行本服务；培训服务（不含差旅费）；维护服务（第二年起）	阅读器平台/APP（Windows，安卓，iOS）；管理后台SAAS版/安装版（内容管理、收费策略管理、用户管理、用户行为分析）；阅读插件（windows，安卓，iOS）；排版工具（账号）；公共平台
AxeSlide	视频教程；爱好者社区；网页教程	论坛、邮箱、电话、QQ交流群	提供免费模板；超过200000用户的UCG社区提供海量的模板和作品下载	提供AxeSlide "斧子演示" 软件免费使用及升级服务，个人云空间存储和展示服务（不限容量），斧子演示网运营

三、导出格式——横向对比表

5种软件的导出格式的种类及相关要求的分析和比较，见表3-4。

表3-4 导出格式对比表

导出格式	HTML文件包	iOS包	安卓包	zip包	其余特殊格式
Epub360	基础版本及以上用户（次数限制）	自行通过HTML文件包打包	自行通过HTML文件包打包	无	无
Cellz	付费用户及以上版本（无次数限制）	第三方打包	第三方打包	无	M4C：软件自有格式；MIX：主要使用在APP打包或数字内容出版图片
Articulate Storyline	付费及破解用户	无			Flash，Articulate移动播放器；发布到Microsoft Word
DreamBook Author	可自行打包	需要SDK集成，工具内无法直接导出		DreamBook Author可自行打包	APP集成SDK
AxeSlide	上传云空间，分享链接和二维码	无		可导出便携文件，自带播放器，在PC上演示	MP4：自动演示视频；PDF：按步序划分单页

四、数据管理——横向对比表

5种软件的登录账号管理、阅读数据分析、传播、素材格式和素材存储空间方面的数据管理对比分析，见表3-5。

表3-5 数据管理对比表

数据管理	登录账号管理	阅读数据分析	传播	素材格式	素材存储空间
Epub360	注册邮箱、密码	浏览量统计； 推广分析（朋友圈、微信群）专业版 本及以上：用户上传数据、事件分析	助力活动	图片：JPG、PNG、GIF； 视频：MP4（本地视频、腾讯在线视频）； 音频：MP3	云端存储； 全部上传后台素材库， 不同版本存在不同存储空间
Cellz	注册邮箱、密码	无	无	图片：JPG、PNG、GIF； 视频：MP4（本地视频、在线视频）； 音频：MP3	云端存储； 本地、后台数据库
Articulate Storyline	无	无	无	图片：JPG、PNG、GIF； 视频：MP4（本地视频）； 音频：MP3、WAV	本地
DreamBook Author	需要后台注册，不可自行注册	有（如今日书院管理后台）	今日书院APP/时光 阅读网/逐梦布客 APP及论坛	图片：JPG、PNG、GIF； 视频：MP4（本地视频、在线视频）； 音频：MP3	自动生成素材文件夹Res文件夹
AxeSlide	注册邮箱、密码	无	无	图片：JPG、PNG、GIF； 视频：WEBM、OGG（也可以导入其他格式视频，软件会进行转码）； 音频：MP3	本地DreamBook AuthorK工程文件

五、销售体系——横向对比表

5种软件的收费模式、培训收费标准、后期维护的销售体系进行对比分析，见表3-6。

表3-6 销售体系对比表

销售体系	收费模式	培训收费标准	后期维护
Epub360	体验版：免费；单独去logo 149/个/月含25G无广告流量；¥30/50G。 基础版：999/年；导出HTML 25次免费，超出199/次；无LOGO（500G/年）；¥30/50G。 专业版：2999/年；导出HTML 100次免费，超出199/次；无LOGO（2T/年）；¥30/50G。 企业版：19999/年；导出HTML，200次免费，超出199/次；无LOGO（12T/年）；¥30/50G。 旗舰版：59999/年；导出HTML（无限）；无LOGO（30T/年）；¥30/50G	¥4500/天；企业增强版及以上版本提供	
Cellz	免费用户：数据组件有限支持；可发布作品为5个；有Cellz标记；不能导出HTML5到本地。 付费用户（¥400/3个月）可无限制发布作品到cellz.cn；可本地导出HTML5；可定制进度条；可无限制使用数据交互组件。 企业用户（¥9000起）提供合并器，支持团队协作；提供5个付费子账号；免费提供一次APP打包与发布服务；提供官方案例与在线培训。 合作伙伴（¥80000/年）成为合作伙伴，提供价值20万元人民币书架程序一套；提供10个付费子账号；提供支持绑定FTP；满足官网、APP常态化内容发布需求。 其他费用：联系客服。 其他费用：打包APP ¥1000/个		
Articulate Storyline	直接购买2.0：1840美元 人物包另需购买（参考价8个人物包和Articulate Replay合计1199美元）。 1.0升级至2.0：699美元		
DreamBook Author	阅读器平台/APP：Windows：¥15,000 安卓为¥30,000 iOS为¥45,000。 管理后台（内容管理、收费策略管理、用户管理、用户行为分析）：SAAS版，¥20,000/年（提供50G存储空间）；安装版为¥75,000/套。 排版工具（账号）：¥7,500/个 公共平台：免费。 软件平台定制开发：¥1500/人日 内容打包费用（排版工具打包发布）：具内容（单行本）1250/次；单行本服务（单行本服务费）：APP发布服务：2500/次	产品使用面授：¥7,000/人日；内容制作面授：¥10,000/人日；在线课程：免费	第二年起算（产品维护、升级、在线培训）：（产品报价总价×10%）/年
AxeSlide	目前免费使用，有互联网运营，包括社区、论坛和公共素材库，还没有明确的商业模式推出		

课堂总结

本节内容知识涉及面较为广，主要是针对产品运营方面进行了综合性内容介绍。学习阶段对本节内容涉及不会较多，但是作为长期数媒行业发展准备，拥有这方面知识是非常有用的，可将本节内容作为知识扩展内容进行了解。

练习与答案

练习

1. 通过学习本章内容，你认为对今后从事数媒行业有什么启发和帮助？
2. 制作超媒体电子书的国家认证制作工具是什么？
3. 适合制作HTML5的工具是什么？

答案

1. （开放性问题，无标准答案）。
2. DreamBook Author。
3. Cellz和Epub360。

第四章　DreamBook Author 工具介绍

要熟练掌握一个新工具，必须先对它有一个全面的认识。在这一章，前两节对 Dream-Book Author 进行了由里到外的全面介绍。第三节对工具基本制作流程进行描述，实现从理论到实践操作的进阶过渡。

本章学习重点包括以下内容：

- 学习如何成功安装 DreamBook Author；
- 学习更新 DreamBook Author；
- 了解 DreamBook Author 界面结构及工具功能；
- 了解 DreamBook Author 基本制作流程；
- 能够制作并发布一本简单的电子书。

在进行正式学习前，请确定你已经从封底附注的网址中下载素材，并已将所需素材复制到了硬盘驱动器上。

第一节　工具运营介绍

小节提要

在本节，你将通过 DreamBook Author 的产品介绍了解工具的基本功能、作用及其社会影响力。在使用前，需要先将工具安装到你的操作电脑上。首先，了解工具运作的硬件要求；其次，学习工具的安装、升级和注册步骤。完成这些，你就可以开始使用 DreamBook Author 进行制作了。本节增加了工具热键对照表，可帮助你提高日后的工作效率。

一、DreamBook Author 概述

DreamBook Author 是睿泰集团自主研发的支持混合模式制作（一般图文格式和超媒体）的交互出版物快速生成工具，支持移动交互内容、仿真场景排版制作，实现 3D 动画、点击事件、移动活动等复杂场景快速创建，通过视、听、触觉全面结合展现沉浸式触屏体验。其简单的制作流程，不再局限于时间、人员及技术的限制。

二、安装使用环境

DreamBook Author对于电脑的配置也有一定的要求，否则软件在运行过程中可能会发生卡机、自动关闭等情况。

因为DreamBook Author是在OpenGL的基础上进行开发的工具，所以电脑的显卡需要支持OpenGL 2.0以上，才能使用DreamBook Author。具体的安装配置要求，见表4-1。

表4-1　安装配置要求

类别	具体要求
CPU	1.5GHz以上
内存	2GB以上
硬盘	至少有1GB以上的存储空间
显示器	最小分辨率为1024x768
显卡	需支持OpenGL 2.0以上
操作系统	Window XP及以上版本的Windows系统

三、安装步骤

准备好了DreamBook Author运行所需的环境和设备，就能开始安装软件了。

1.Step1　开始安装

双击图4-1所示的DreamBook Author安装文件，运行安装程序。

图4-1　DreamBook Author安装文件

2.Step2　语言选择

如图4-2所示，在对话框的下拉菜单中选择DreamBook Author安装语言，点击"OK"按钮。如果需要改变DreamBook Author语言，安装完成后，可以在首选项菜单中进行修改。

3.Step3　安装路径选择

如图4-3所示，选择DreamBook Author安装路径后，点击"安装"按钮。

图4-2　选择DreamBook Author安装语言

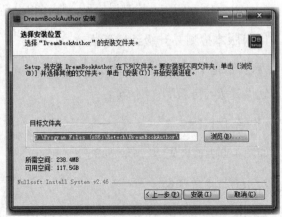

图4-3　设置DreamBook Author安装路径界面

4.Step4 安装DreamBook Author添加包

DreamBook Author需要Microsoft Visual C++的运行库。若用户的电脑中没有当前所需的运行库，则会在DreamBook Author安装过程中自动进行安装。如图4-4所示，确认后，点击"Yes"按钮。

5.Step5 完成安装

如图4-5所示，安装完成后，点击"完成"按钮，DreamBook Author开始运行。

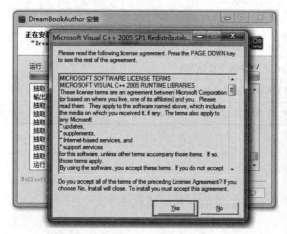 

图4-4　安装Microsoft Visual C++ 运行库确认画面　　图4-5　安装完成画面

四、升级与更新

软件系统会定期进行升级与更新，所以需要查阅已安装的工具版本是否是最新版本。若不是最新版本，可进行软件升级与更新，以便获得更好的用户体验。

(一)显卡驱动升级

软件系统必须搭配硬件来支持。DreamBook Author只能在支持OpenGL 2.0以上显卡的设备上使用。如果当前显卡支持OpenGL 2.0，但在DreamBook Author运行以后，仍出现OpenGL 2.0或OpenGL 3.0的错误信息，那么须更新显卡驱动，再使用DreamBook Author即可。

(二)版本检测并升级到最新版本

为了确保用户更好地使用DreamBook Author，用户可以自主进行软件的升级和更新。以下是软件升级与更新的详细步骤。

1.Step1 运行工具

如图4-6所示，先运行DreamBook Author。

2.Step2 用户登录

图4-6　DreamBook Author安装软件图标

如图4-7所示，在对话框内输入账号和密码，点击"登录"按钮。

3.Step3 更新位置

如图4-8所示，程序运行后，点击顶部主菜单中的【帮助】→【检查更新】按钮。

图4-7 登录画面　　　　　　　　图4-8 升级检测菜单画面

4.Step4 检测更新

如图4-9所示，软件自动检测更新。

图4-9 检测更新画面

5.Step5 确认更新

如图4-10所示，确认更新版本和更新列表后点击"更新"按钮。

6.Step6 下载并自动更新

如图4-11所示，下载更新文件。

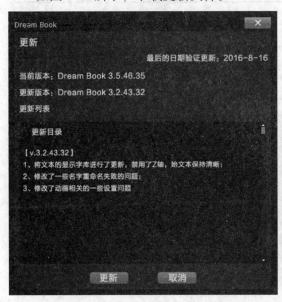

图4-10 更新版本及列表确认画面　　　图4-11 下载更新文件画面

如果 DreamBook Author 正在运行，先将其关闭。如图4-12所示，点击"执行安装"按钮。接下来的步骤与本节"三、安装步骤"相同。

五、账号注册

只有正版软件才能提供相应的账号和密码。

用户需要使用唯一的账号和密码进行登录，才能使用 DreamBook Author。若忘记账号和密码，可以向管理员询问。

如图4-13所示，在登录界面输入账号和密码，点击"登录"按钮。登录成功后，就能使用 DreamBook Author。

图4-12　更新文件下载完成画面　　　　　　图4-13　登录画面

六、快捷键说明

为了方便操作，DreamBook Author 内置快捷键，下面附表4-2以供参考。

表4-2　常用的快捷键

命令	快捷键	命令	快捷键	命令	快捷键
新建	Ctrl+N	打开	Ctrl+O	关闭	Ctrl+W
保存	Ctrl+S	另存为	Ctrl+Shift+N	文件信息	Ctrl+Alt+I
退出	Ctrl+Q	文档设置	Ctrl+Shift+K	模板设置	Ctrl+Alt+K
脚本设置	F9	问答组设置	Ctrl+Shift+Q	撤销	Ctrl+Z
重做	Ctrl+Y	剪切	Ctrl+X	复制	Ctrl+C
粘贴	Ctrl+V	删除	Del	群组	Ctrl+G
取消组	Ctrl+Shift+G	首选项	Ctrl+K	放大	Ctrl+=
缩小	Ctrl+-	适合屏幕	Ctrl+0	实际像素	Ctrl+1
网格	Ctrl+'	标尺	Ctrl+R	十字光标	Ctrl+/
X轴-1	Left	X轴+1	Right	Y轴-1	Up
Y轴+1	Down	X轴-10	Shift+Left	X轴+10	Shift+Right
Y轴-10	Shift+Up	Y轴+10	Shift+Down		

七、追梦布客APP概述

追梦布客是江苏云媒数字科技有限公司配合 DreamBook Author 超媒体制作发布工具而打造的一款专业学习阅读APP平台。其中涵盖了与本书及内容相关的资料浏览、书院书城及 DreamBook Author 论坛等内容。读者在阅读本书的过程中，可以通过使用该APP来结合纸媒与数字媒体学习知识，使学习更生动。

图4-14 追梦布客APP下载二维码

追梦布客主要有以下两种下载途径。第一，用户可通过扫描如图4-14所示的二维码直接进行下载。通过扫描二维码进入APP下载推荐页面后，可根据不同的手机设备选择相应的下载方式。

第二，苹果手机用户可进入APP Store搜索"追梦布客"，直接下载APP，如图4-15所示。安卓手机用户可进入应用宝搜索"追梦布客"，直接下载APP。

图4-15 APP Store中搜索追梦布客

下载完成后，可从APP上找到自己所需要的书和刊物。

在阅读中，一定要用该APP自带的扫一扫功能，对所喜欢书籍的二维码进行扫描（使用微信扫一扫等第三方扫码工具，无法直接阅读数字内容），即可将数字版书刊下载到手机上进行离线阅读。

追梦布客APP，不仅能让用户更加直接地了解和使用DreamBook Author工具，同时这种自助下载的阅读方式也打破了时间与空间的桎梏，让全民阅读变得更加便利。

课堂总结

学习本节内容后，大家对工具的基本功能、作用已经有所了解。课后，请按照书中讲解的方法将工具安装到你的操作电脑上。必要的话，对安装的工具进行升级步骤。通过注册，就可以使用DreamBook Author进行电子书制作了。

可对工具进行试操作以加深本节所学知识的印象。

练习与答案

练习

1. 运行DreamBook Author对于电脑的CPU、内存和硬盘有什么要求？

2. DreamBook Author需要Microsoft Visual C++的运行库。若用户的电脑中没有当前所需要的运行库，怎么办？

3. 怎样检测所运行的DreamBook Author是否是最新版本？

答案

1. 运行DreamBook Author，要求CPU要1.5GHz以上，内存要2GB以上，硬盘要至少有1GB以上的存储空间。

2. 会在DreamBook Author安装过程中自动进行安装。

3. 程序运行后，点击顶部主菜单中的"帮助"→"检查更新"按钮。

第二节　工具界面结构

小节提要

本节将对DreamBook Author界面结构进行介绍，并对每个功能区域中的图标功能进行详细描述。学完本节内容，可以明确每个部分各自的功能职责，便于后续实际操作的顺利开展。

一、DreamBook Author为界面组成

DreamBook Author打开后的界面如图4-16所示，下面将逐一对每个功能区进行介绍。

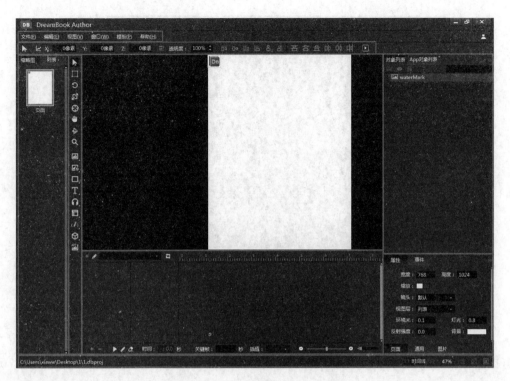

图4-16 DreamBook Author界面

二、主菜单

和所有软件一样，DreamBook Author界面的主菜单在界面的左上方。在这个菜单栏中，可以找到所有制作时需要的功能，如图4-17所示。

文件(F) 编辑(E) 视图(V) 窗口(W) 模板(P) 帮助(H)

图4-17 主菜单

1.文件

文件主要负责新建、打开、保存、另存、文件导入导出、信息修改、发布、退出和关闭等与文件内容相关的操作。

2.编辑

编辑主要负责的是对制作内容的文档、模板、脚本编辑，问答组编辑，以及设置对象操作的一些基本功能等。

（1）文档设置

文档设置是关于制作内容的页面大小等基本要素的设置。如图4-18所示，在这里可以修改画布的大小、杂志的呈现方式，以及手势功能的设置、页面是否加水印等功能。

图4-18　文档设置菜单

（2）模板设置

在这里，可以设置电子书呈现页面逻辑结构，如图4-19所示。在制作完单页内容之后，只有把制作的页面按照一定的逻辑连接起来，才能形成一本有顺序的完整刊物。同时，还可以设置页面跳转时的效果。但是需要注意的是，这个模板设置只能对杂志模式下的制作内容进行编辑。

（3）脚本设置

对于技术高手来说，简单的模板式特效已经无法满足他们的创造力和制作欲。如图4-20所示，在这里，可以加入写好的脚本程序对页面进行控制，以此获得更好的页面效果。

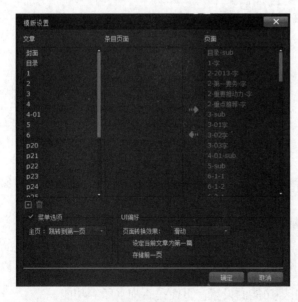 

图4-19　模板设置菜单　　　　　　　　**图4-20　脚本设置菜单**

3.视图

视图主要提供画布的放大缩小等功能。

4.窗口

窗口可以开启各个功能模块。

5.模板

模板可以将页面导出成模板文件，也可以导入模板文件。

6.帮助

帮助可提供软件更新、信息查询等功能。

三、水平工具栏

水平工具栏由使用频率高的菜单图标组成，见图4-21。水平工具栏工具使用说明，见表4-3。

图4-21　水平工具栏

表4-3　水平工具栏工具使用说明

序号	工具名称	说明
1	当前工具	目前选中的工具对象
2	坐标	对象的X/Y/Z轴坐标像素值
3	透明度	对象的透明度参数值
4	对齐方式	对象的对齐方式选项分别为顶端对齐、垂直居中对齐、底端对齐、左侧对齐、水平居中对齐、右侧对齐
5	平均分布	多对象平均分布方式选项分别为顶端分布、垂直居中分布、底端分布、左侧分布、水平居中分布、右侧分布
6	预览模式	项目的预览模式，点击右侧小三角可进行选择，分别为预览（从首页开始预览全部）和预览当前页。预览当前页必须在杂志模式下才能执行

图4-22　垂直工具栏

四、垂直工具栏

垂直工具栏里是 DreamBook Author 的基本工具，包括编辑工具和对象工具，如图4-22所示。在这里，先简单说明一下。

(一)编辑工具

编辑工具主要指辅助进行对象编辑的工具，见表4-4。

表4-4　编辑工具

序号	工具图标	说明
1	选择	可自由选择对象
2	平移	可以在X/Y/Z轴上移动对象的位置
3	旋转	对象围绕轴心进行旋转（轴心默认左上端顶点）
4	缩放	将对象进行拉伸和缩小
5	中心轴	分为X/Y/Z轴三个方向，点击按钮可以对轴位置进行查看和调整；选择X/Y/Z轴，对其进行拖动，即可更改中心轴位置
6	移动画布	可以将画布的位置进行移动
7	旋转画布	可以将画布进行720°旋转
8	缩放	将画布进行拉伸和缩小

(二)对象工具

工具图标右下方有小三角符号的，可通过单击鼠标右键，进行工具的切换，见表4-5。

表4-5　对象工具

序号	工具图标	说明
1	图片对象	包含图片、图片切换和全景图三种
2	序列动画	包含序列动画、360°旋转、GIF和移动动画四种
3	矩形	包含矩形和按钮两种
4	文本	包含文本、文本编辑和公式三种
5	音频	包含音频、视频和录音三种

续表

序号	工具图标	说明
6	子页面	包含子页面和页面切换两种
7	填空题	包含填空题、OX问题、多选题、连线题、简答题、拍照题、提交按钮和重做按钮八种
8	边界框	包含边界框、镜头、地图和灯光四种
9	APP图像	可将图像置于视频上层

五、页面窗口

页面窗口用来查看制作页面缩略图和页面名列表，缩略图和列表可进行切换，如图4-23所示。新建文件时，此部分显示1张空白页面。需要制作多少页的电子书，就需要新建多少页面。

在此窗口空白处，点击鼠标右键，即可剪切、复制、粘贴已存在的页面，新建、删除页面，调整页面顺序，预览当前页面，以及取出PDF图片和更改页面属性功能。

1. 取出PDF图片

取出PDF图片必须是在导入了PDF文件的情况才能进行操作。

2. 属性

如图4-24所示，可在此页面设置页面的大小、样式和是否放大的属性。

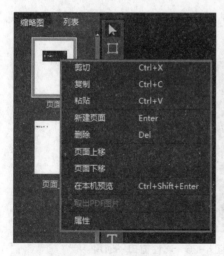

图4-23　页面窗口

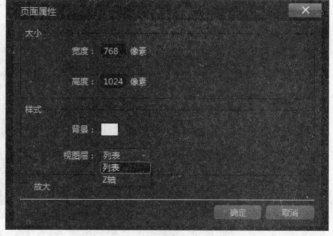

图4-24　页面窗口—属性

①大小。宽度：对象的宽度。高度：对象的高度。

②样式。背景：对象的颜色。视图层：包含列表和Z轴两种模式。

③"放大"选项。勾选"放大"选项，在预览时双击页面，可使页面放大两倍。

六、属性窗口

为了方便用户的操作，DreamBook Author在界面下方设置了功能属性窗口分类。点击按钮，即可打开相应的功能属性窗口模块。下面，我们将快捷按钮和功能窗口一一对应进行介绍。

(一)文档属性窗口

点击属性窗口下方的文档按钮，打开文档属性窗口。在这里可以调节当前选择画布的大小、背景颜色等。如图4-25所示。文档属性为画布的基本参数，见表4-6。

> 技巧提示：每个页面的尺寸都是可以独立设置的，但制作时需要注意统一页面尺寸，否则不利于电子书的整体呈现效果。

缩放、环境光、灯光和反射强度是针对3D模式调节的。

表4-6　属性窗口—文档属性

序号	属性名称	说明
1	宽度	对象的宽度
2	高度	对象的高度
3	缩放	是否缩放
4	镜头	一般状态下只有默认选项，添加镜头对象后，选项对应增加
5	视图层	包含列表模式和Z轴两种模式

(二)通用属性窗口

点击属性窗口下方的通用按钮，打开通用属性窗口如图4-26所示。通用属性窗口是当前选择对象的移动位置和可见性属性参数，与水平工具栏中的坐标和可见性设置相同，见表4-7。

图4-25　属性窗口—文档

图4-26　属性窗口—通用

表4-7　属性窗口—通用属性

序号	属性名称	说明
1	透明度	当前选择对象的透明度参数
2	可见	分为显示、隐藏两种选项
3	坐标设置	根据需要，在移动、选择、缩放、轴心对应的X/Y/Z轴上的参数值进行设置

技巧提示：在制作时，除了通过垂直工具栏中选择平移、缩放、旋转功能对选择对象进行调整外，也可以在这个通用属性窗口中对当前选择对象进行位置移动、大小缩放、旋转及调整轴心。而且在通用属性窗口中使用参数进行调节，调整位置将会更精准。

（三）元素属性窗口

元素属性窗口显示的是当前选择对象的元素属性参数，与通用属性窗口有区别。元素属性会根据元素对象的不同而不同，若为图片对象，则会在属性窗口下方显示为图片，如图4-27所示（在此先就图片、文本和子页面进行简单说明，详细内容见第五章第二节）。

元素属性窗口显示的是对象的具体属性参数，以大小为例，这里选择的对象宽度和高度都是有具体数值的。在元素属性窗口中调整宽高像素值可以直接缩放对象的大小。但在通用属性窗口中，默认为1（即为原始大小）。若需要缩小当前选择对象大小为原始大小的一半，则可以进行以下操作：如图4-27所示，直接在通用属性窗口中的缩放的X轴Y轴数据改为0.5。Z轴为3D模式下的垂直轴，而这里的电子书的是2D画面，因此调整Z轴并无效果。

1.文本对象

如图4-28所示，文本属性窗口包含文本对象的常用属性设置工具，包括宽度和高度、字体字号、间距、字符效果、颜色和对齐方式等。

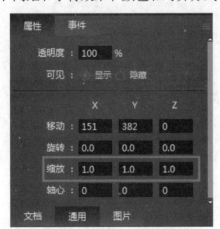
图4-27 属性窗口—通用

图4-28 属性窗口—文本

2.图片对象

如图4-29所示，图片属性窗口包含图片对象的常用属性设置工具。属性窗口的图片属性，见表4-8。

图4-29 属性窗口—图片

表4-8 属性窗口—图片属性

序号	属性名称	说明
1	宽度	对象的宽度
2	高度	对象的高度
3	文件位置	可以选择文件的存放位置，也可以修改文件
4	像素绘制	选择是否绘制像素

3.子页面

若当前选择对象为子页面内容时，当前选择对象在元素属性窗口中会增加模式选项模块，如图4-30所示。可对当前选择的子页面对象进行交互模式选择，但需要在页面预览状态下才能查看相应效果。

七、对象列表窗口

(一)对象列表窗口

如图4-31所示，通过对象列表窗口，我们可以查看当前选择页上的所有对象。在这里点击对象名称，画布上也会同时定位到该对象。

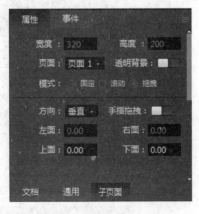

图4-30 属性窗口—子页面

图4-31 对象列表窗口

技巧提示：在单页内容对象过多无法选择的时候，使用对象列表进行选择定位将会更为方便。

如图4-32所示，单击鼠标右键，可以对选择对象进行剪切、复制、粘贴、删除、群组或取消组、显示或隐藏、上下移动的操作。

图4-32　对象列表—基本操作

在列表中拖动对象名称，可以对当页对象进行层级顺序调整。按住 Ctrl 并点击对象名称，可同时选中列表中的几个对象。点击文件夹按钮，如图4-33所示，进行建组。

如图4-34所示，选择对象名称，可选择1个或多个，点击可见性按钮，设置对象可见性。此操作在实际制作中，便于调整层级顺序较后的对象。

图4-33　对象列表窗口—建组

图4-34　对象列表窗口—可见性

如图4-35所示，选择对象名称，可选择1个或多个，点击锁按钮，对选定对象进行锁定。

锁定后，在对象名称后方会出现小锁的标记，表示此对象已被锁定如图4-36所示。若要解锁，点击对象名称后方的小锁即可。

图4-35　对象列表窗口—锁定对象

图4-36　对象列表窗口—解锁对象

(二)APP对象列表窗口

APP对象列表窗口。如图4-37所示，使用不多。APP图像的对象会在这个窗口中显示，只有可见性的设置。

如图4-38所示，选中对象单击鼠标右键，可以对APP对象进行剪切、复制、粘贴和删除操作。

图4-37　APP对象列表窗口　　　　　图4-38　APP对象列表—基本操作

八、事件窗口

点击事件按钮，即可打开事件窗口如图4-39所示。在这里，可以对页面进行事件、动作的设置。

(一)创建页面的事件、动作

为当前页面创建事件、动作，可以对页面上所有交互效果进行总控制。

1.Step1新建事件

首先，点击画布外任意位置，默认选择对象为当前页面。点击事件窗口上的添加按钮

■ ，可为该页面添加事件，弹出如图4-40所示的事件界面。选择事件，点击确认后，列表上出现所添加的事件名称。

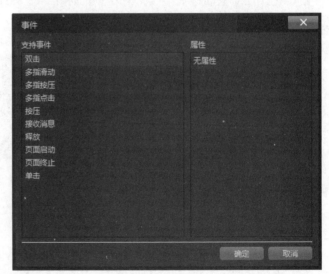

图4-39　事件窗口　　　　　　　图4-40　新建页面事件

2.Step2新建动作

如图4-41所示，选中需要添加动作的事件。点击鼠标右键，打开功能选项，选择"新建动作"，就能为该事件创建动作了。

图4-41　新建动作

技巧提示：举个例子来理解一下事件与动作的关系。把事件比作开关，动作比作灯变亮的过程。需要先打开开关，然后灯才会亮。因此，在操作中需要要先建立事件，进行触发，然后才能创建动作来实现变化过程。

（二）创建对象的事件、动作

1.Step1 添加事件

选择页面上的对象，点击事件窗口上添加按钮 █ ，可为该对象添加事件。如图4-42所示，当前对象的事件创建界面与页面创建事件界面不完全相同。

图4-42　新建对象事件

2.Step2 添加动作

在创建好的事件上单击鼠标右键，新建针对该事件的动作。

技巧提示：先选择对象，再创建事件、动作，顺序很重要。

九、动画窗口

界面下方为动画功能部分。在这个区域，可以为对象创建序列帧动画，创建简单的动画效果，使电子书呈现形式更丰富。

整个区域主要分为4个子区域，这里将逐一进行简单介绍，如图4-43所示。

图4-43　动画窗口

(一)动画列表

图4-44所示为动画列表的操作区域。当需要创建一个动画的时候，要点击按钮 进行新建动画。输入动画的名称，点击确认即可。若已添加了多个动画，点击动画名称后面的小箭头，即可在下拉菜单中查看到已创建的动画列表，点击可切换动画。点击 按钮可进入动画列表菜单，并对动画列表中的对象进行添加、删除或重命名。

(二)选择动画对象

先选择需要进行动画设置的对象，点击下方的添加按钮 ，将动画与对象建立对应关系，如图4-45所示。一个动画可对应多个对象的多种属性变化。DreamBook Author动画已内置常用功能，仅须在功能区进行关键帧的设置即可。

图4-44　动画列表

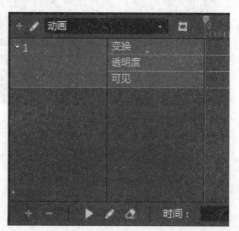

图4-45　动画对象及其属性

1.变换

通过关键帧设置，达到当前选择对象位置坐标、旋转、缩放、轴心坐标等变换的动画效果。

2.透明度

通过关键帧设置，达到当前选择对象透明度变化的动画效果。

3.可见

通过关键帧设置，达到当前选择对象在可见与不可见间切换的动画效果。

(三)设置关键帧

如图4-46所示，在此区域内，可对动画对象的属性进行具体的设置，包括关键帧、插值效果和是否进行循环（具体可参见第五章第四节的动画制作）。

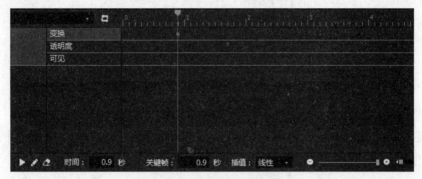

图4-46　动画关键帧设置

十、界面信息栏

如图4-47所示，在操作界面最底端的是界面信息栏。

图4-47　界面信息栏

1.文件信息

中间部分为文件位置信息，如图4-48所示。

图4-48　界面信息栏—文件信息

2.动画窗口热键

动画窗口隐藏/打开的切换选项，如图4-49所示。

3.其他热键

画布展示的比例大小和热键，如图4-50所示。热键依次包括缩小、放大、实际尺寸和屏幕大小。

图4-49　界面信息栏—动画窗口热键　　　图4-50　界面信息栏—放大缩小信息及热键

课堂总结

学习本节内容后，能够明确每个功能区域中的图标功能，明确每个部分各自的功能职责。本节的理论知识学习将对第六章的案例实践操作起到指导作用。

练习与答案

练习

1. 请问DreamBook Author的界面结构是怎样的？

2. 如果需要对对象进行事件动作编辑，该从那个界面窗口进入？

3. 如何为页面上的两个对象创建动画？

答案

1. DreamBook Author的界面由主菜单、水平工具栏、垂直工具栏、页面窗口、对象列表窗口、事件窗口、属性窗口、动画窗口和界面信息栏组成。

2. 选定对象后，打开事件窗口，点击上方的"+"号按钮，选择事件。在创建的事件上单击鼠标右键，选择动作编辑，创建动作。

3. 首先，在动画窗口创建动画名称，对其进行命名，在该名称下添加动画对象。然后，在对应属性的时间轴上确定时间点，调整参数并设置关键帧。点击播放按钮，进行预览，确认动画效果是否恰当。用同样方法创建第二个动画。

若两个动画由一个事件触发，可以省去新建动画名称的过程，直接在前一个动画中添加第二个动画对象的属性关键帧设置即可。

第三节　DreamBook Author 制作流程

小节提要

本节主要是学习DreamBook Author的基本制作流程：新建项目和项目素材管理、生成图片对象，运用对象编辑工具和画布编辑工具，可以导入文件，对文件信息、文档和偏好进行设置，预览项目和打包发布项目；学习这些制作方案的一些制作技巧。

一、项目生成方法

DreamBook Author的文件格式为*.DBProj（自有格式）。同时，也因为是自有文件格式，DreamBook Author所制作的内容也只能在DreamBook播放器中进行播放。如果在

DreamBook Author中将制作的内容导出为其他文件格式的话，则可以在支持该格式的解析器中播放。

（一）新建项目流程

和大多数制作软件一样，学习DreamBook Author的制作首先需要新建一个项目。那么，我们就先来学习如何新建一个DreamBook项目，具体的步骤如下。

1.Step1　打开新建项目菜单

如图4-51所示，点击主菜单上的"文件"→"新建"，就会弹出"新建项目"菜单。也可以通过点击"Ctrl+N"的快捷方式，直接打开"新建项目"菜单。

2.Step2　填写项目信息

如图4-52所示，在新建项目菜单中输入项目名称、保存路径、文档类型和方向、分辨率信息以后，点击"确定"按钮保存信息。不点"确定"，所填信息将无法保存，也就不能完成项目的新建。

图4-51　项目生成菜单

图4-52　新建项目菜单

（1）工程保存位置

如图4-53所示，工程保存位置可以点击该栏后方的 ▆ 按钮，在弹出的浏览窗口内进行选择。

（2）文档信息和分辨率信息

文档类型、方向和分辨率需要根据阅读终端工具和阅读效果来确定。

图4-53　保存位置浏览窗口

第一，文档类型。文档类型包括定制和杂志两种模式。定制模式为固定页面，需通过按钮或其他已设置好的方式进行页面跳转。杂志模式可以不借助按钮等辅助方式就能自由进行翻页。一般而言，选择杂志模式的情况更多。

文档类型可以在后期在"文档设置"窗口中进行修改。

第二，方向。方向包括垂直和水平两种阅读方式。如果是Pad端，一般水平阅读多于垂直阅读；如果是手机端，则垂直阅读多于水平阅读。

方向需要在刚开始新建项目时就确定好。虽然后期也能在"文档设置"窗口中进行修改，但修改了方向就需要将所有素材重新进行页面排版，相当于重新做一遍。

第三，分辨率大小。分辨率大小是根据阅读终端工具的尺寸来确定的。由于用户使用的终端品牌和型号会有差异，其显示屏的尺寸大小不一，因此在通常情况下，我们以多数使用的终端为依据进行分辨率的设置。如果是Pad端，一般是1024×768；如果是手机端，一般是720×1280。

从终端阅读效果来说，同样是Pad端，设置2048×1536的分辨率比1024×768时的更高清，但相对应的文字字体需要放大为两倍，图片尺寸也要变大，最终文件大小也会相应变大。

> 技巧提示：项目文件的大小会影响项目预览和播放时的打开和加载速度，所以不要盲目地为了追求高清的效果设置过大的分辨率，而影响阅读的顺畅性。

3.Step3　生成新项目

图4-54所示为新项目生成完毕时显示的操作界面。之后，我们就能开始制作DreamBook超媒体电子书了。

图4-54 新项目生成完毕后的画面

(二)项目文件夹

（1）项目文件夹的位置

如图4-55所示，新项目生成后，会在之前设定的保存路径中生成一个以用户所输入名称命名的文件夹。

图4-55 生成的项目文件夹

（2）项目文件夹的构成

如图4-56所示，DreamBook文件夹由页面数据信息存储文件夹"Pages"、项目基本素材文件夹"Res"、缩略图文件夹"Thumbs"、项目文件"*.DBProj"和资源列表"Resourcelist"构成。

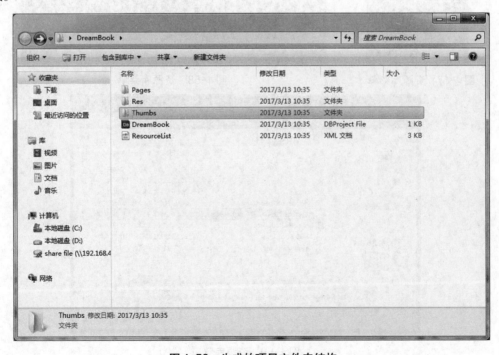

图4-56 生成的项目文件夹结构

Res文件夹里是保存项目中所有的素材文件的位置。即使移动了项目，只要Res文件夹里没动，那么打开的项目文件（*.DBProj）都不会受到影响，都能按照原本的设计顺利阅读。

二、资源库菜单

在制作DreamBook超媒体电子书时，无论素材是从电脑的哪个文件夹中提取的，只要将其加到资源库中，那么就会在项目文件夹的Res素材文件夹中找到该素材。

1.Step1 打开资源库菜单

如图4-57所示，打开主菜单上的"窗口"→"资源库"，打开资源库菜单。

2.Step2 资源库的功能

图4-58所示为资源库菜单界面。

（1）添加资源按钮

点击后会弹出浏览菜单。如图4-59所示，在浏览菜单中选择资源后点击"打开"按钮就能将其导入资源库中。

图4-57　资源库菜单　　　　　　　　　　　图4-58　资源库菜单

图4-59　资源库菜单

（2）删除资源按钮

先选中要删除的资源对象，再点击该按钮就能进行删除。删除资源后，画布中该资源将失效。

（3）搜索资源按钮

点击后弹出搜索资源文件菜单。如图4-60所示，可以选择搜索类型，输入搜索关键字，进行搜索。

在搜索显示项中选择一个对象，点击"移动"按钮，如图4-61所示，就会在资源库菜单中对应到该对象。

图4-60　资源库菜单

图4-61　资源库菜单

（4）设置文件

选择资源对象后，点击按钮，就能将该资源添加到画布中了。

（5）确定

点击按钮，保存资源库信息，并退出资源库菜单。

三、生成图片对象的方法

生成图片对象，就是将图片素材导入画布中。

1.Step1　打开图片浏览窗口

如图4-62所示，在"垂直工具栏"中单击图片工具的图标，会弹出资源库菜单。

2.Step2 在资源库中添加图片

如图4-63所示，在资源库菜单中点击添加资源按钮 ，弹出浏览窗口。

图4-62 垂直工具栏—图片 　　　　　　　　　　图4-63 资源库菜单

如图4-64所示，在窗口中选择资源后点击"打开"按钮，就能将其导入资源库中。

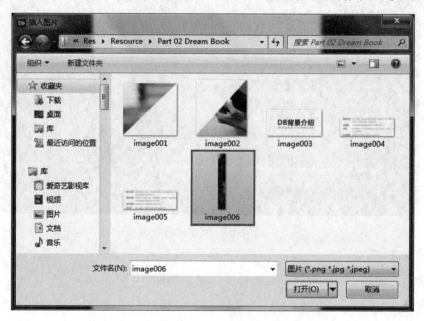

图4-64 浏览窗口

3.Step3 生成图片

如图4-65所示，选中需要添加到画布中的资源对象，点击"设置文件"按钮后，就能将该资源添加到画布中。

图4-65　资源库菜单

4.Step4　图片生成完毕

如图4-66所示，图片成功插入画布中。

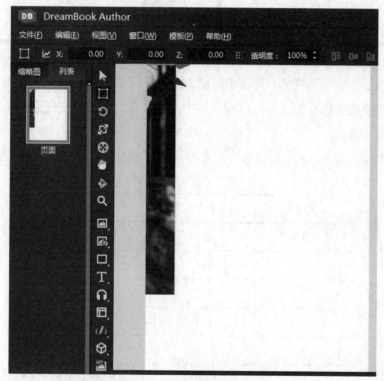

图4-66　图片对象插入到画布中

四、对象编辑工具使用方法

对象编辑工具包括选择工具、平移工具、旋转工具、缩放工具和中心轴工具。

(一)选择工具

用于选择对象。如图4-67所示，点击垂直工具栏中的选择工具 ，就可以选中对象。

(二)平移工具

平移工具用于移动对象。如图4-68所示，先选中平移工具 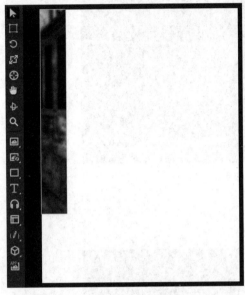，通过键盘方向键或用鼠标点击箭头拖动X、Y、Z轴，就可以使对象移动。

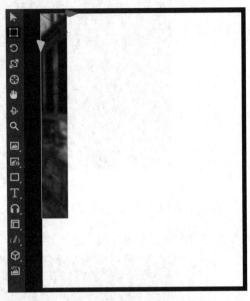

| 图4-67 通过选择工具选中对象 | 图4-68 通过平移工具选择对象 |

鼠标选中的箭头会变为黄色，若选中的箭头是X、Y、Z轴中的任一个，则只能在该轴上移动；若选中三个箭头的交汇点，可以同时选中三个箭头，则可以在任意轴上移动。也可以直接点中图片进行移动。

> 技巧提示：对于编辑对象进行方位移动，也有对应的快捷操作，见表4-9。

表4-9 方位移动快捷键

序号	对应操作效果	控制键
1	X-1	Left
2	X+1	Right
3	Y-1	Up
4	Y+1	Down
5	X-10	Shift+Left
6	X+10	Shift+Right
7	Y-10	Shift+Up
8	Y+10	Shift+Down

(三)旋转工具

旋转工具用于旋转对象。如图4-69所示，先点击选中旋转工具 ，用鼠标点击箭头拖动X、Y、Z轴，可以使对象旋转。

选中的轴线会变为黄色，若选中的箭头是 X、Y 或 Z 轴中的任一个，则只能在该轴上旋转。不能同时选中多个轴进行旋转。

(四)缩放工具

缩放工具用于调整对象大小。如图 4-70 所示，先选中缩放工具 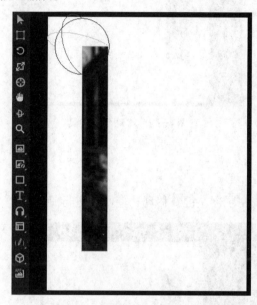，用鼠标点击箭头拖动 X、Y、Z 轴，可以调整对象大小。选中的单一轴标会变为黄色，则只能在该轴上缩放；若选中三个轴标的交汇点黑色标，轴标颜色不会发生改变，但可以同时选中三个轴，并在任意轴上缩放。

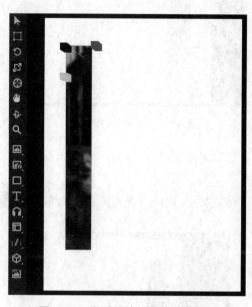

图 4-69　通过旋转工具旋转对象　　　　图 4-70　通过缩放工具选中对象

(五)中心轴工具

中心轴工具用于改变对象中心点。如图 4-71 所示，先选中中心轴工具 ，用鼠标点击箭头拖动 X、Y、Z 轴，可以改变对象中心点。若选中的轴标会变为黄色，选中的为单一的轴，则只能在该轴上移动中心点；若选中三个轴标的交汇点，可以同时选中三个轴，则可以在任意轴上移动中心点。

五、画布编辑工具使用方法

画布编辑工具包括移动画布工具、旋转画布工具和缩放工具。接下来，我们先来学习移动画布工具。

(一)移动画布工具

如图 4-72 所示，先选中移动画布工具 ，按住鼠标左键并移动，就可以移动画布的位置。

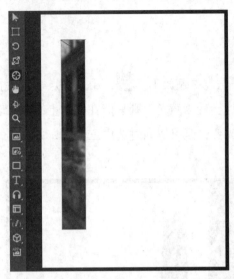

图4-71　使用中心轴工具

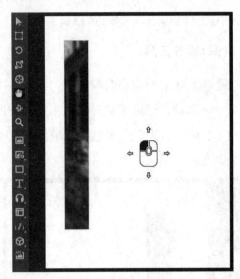

图4-72　移动画布工具

(二)旋转画布工具

如图4-73所示，先选中旋转画布工具，按住鼠标左键并移动，使画布进行旋转。

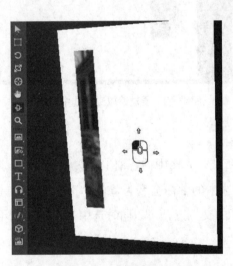

图4-73　旋转画布工具

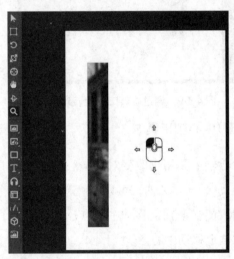

图4-74　缩放画布工具

DreamBook中的画布默认为3D模式，因此可以使用3D画布旋转来获得一些特效。但是需要注意的是，虽然可360°调整画布角度，但在最终呈现的电子书中，3D模式是嵌套在平面模式下的，所以画布角度旋转是有限制的。

(三)缩放画布工具

缩放画布工具可以改变画布比例。如图4-74所示，先选中缩放画布工具，按住鼠标左键，并向上/左移动，缩小画布比例；按住鼠标左键，并向下/右移动，拉伸画布比例。

六、文件导入

如图4-75所示，DreamBook Author支持导入部分文件格式，分别为TXT、PDF、Word、PPT和Epub。在主菜单上点击"文件"→"导入"，就能看到不同的导入对象分类。

(一)导入文本文档

可以将*.txt文件导入DreamBook Author中使用的功能如下。

1.Step1 打开导入文本文档菜单

如图4-75所示，在主菜单上点击"文件"→"导入"→"文本文档"，会弹出如图4-76所示的导入文本文档菜单。

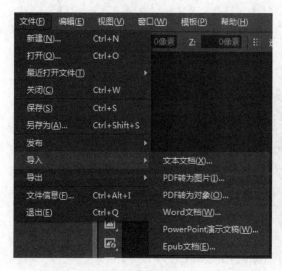

图4-75 导入菜单画面

图4-76 导入文本文档菜单

（1）导入信息

文件位置：显示文本文档在电脑中所在的位置。

（2）页面边距

①左边距：距离页面左边界限的像素值。

②右边距：距离页面右边界限的像素值。

③上边距：距离页面上边界限的像素值。

④下边距：距离页面下边界限的像素值。

（3）字体选项

字体样式：文本需要呈现的字体效果。

2.Step2 浏览文本文档

点击文件位置后方的浏览按钮 ，在如图4-77所示的浏览窗口中，选择要导入的.txt文件后点击"打开"，锁定文件位置并返回"导入文本文档"菜单。

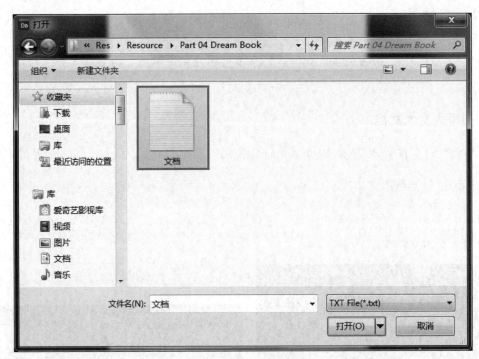

图4-77   导入.txt的浏览窗口

3.Step3 完成文本文档设置

在导入文本文档菜单中，完成页面边距和字体选项的设置后，点击"导入"按钮，保存设置后，文本文档就导入页面中。

(二)PDF转为成对象

将PDF文件各页面分开导入为图片、文本等对象的功能如下。

1.Step1 打开PDF导入成对象菜单

如图4-75所示，在主窗口上点击"文件"→"导入"→"PDF导入成对象"，会弹出如图4-78所示的PDF导入成对象的菜单。

图4-78   PDF导入成对象菜单

2.Step2 导入PDF文件

点击██按钮，会弹出浏览窗口，选中要导入的PDF文件后点击"打开"。在"PDF导入成对象"菜单中点击"导入"就可以完成PDF的导入了。

（三）导入 Word 文档

如图 4-75 所示，在主菜单上点击"文件"→"导入"→"Word 文档"，会弹出浏览窗口，直接选择需要导入的文件名，点击"打开"就能将其导入页面中。

（四）导入 PowerPoint 演示文档

如图 4-75 所示，在主菜单上点击"文件"→"导入"→"PowerPoint 演示文档"，会弹出浏览窗口，直接选择需要导入的文件名，点击"打开"就能将其导入页面中。

（五）导入 Epub 演示文档

如图 4-75 所示，在主菜单上点击"文件"→"导入"→"Epub 文档"，会弹出浏览窗口，直接选择需要导入的文件名，点击"打开"就能将其导入页面中。

七、文件导出

如图 4-79 所示，DreamBook Author 支持导出部分文件格式，分别为 HTML5、SCORM 1.2 和 Epub。在主菜单上点击"文件"→"导出"，就能看到不同的导出对象分类。

（一）导出 HTML5

如图 4-79 所示，在主菜单上点击"文件"→"导出"→"HTML5"，会弹出如图 4-80 所示的导出文本文档菜单。填写对应的导出文件名和保存位置信息后，点击"确定"导出网页文件。

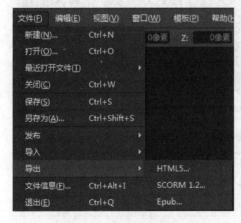

图 4-79　导出菜单画面

图 4-80　导出网页菜单

（二）导出 Scorm 1.2

如图 4-79 所示，在主菜单上点击"文件"→"导出"→"SCORM 1.2"，会弹出如图 4-81 所示的导出 Scorm1.2 菜单，见表 4-10。填写对应的信息后，点击"确定"导出 Scorm1.2 文件。

表4-10　导出Scorm1.2菜单属性

序号	属性名称	说明
1	文件名	导出文件的名称
2	文件保存位置	导出文件存放的位置
3	网页标题	导出网页的标题名称
4	标题	导出文件的标题名称
5	副标题	导出文件的副标题名称
6	封面图片	导出文件的封面图片，必须是PNG格式

（三）导出 Epub

如图4-79所示，在主菜单上点击"文件"→"导出"→"Epub"，会弹出如图4-82所示的导出Epub菜单，见表4-11。填写对应的信息后，点击"确定"导出Epub文件。

图4-81　导出Scorm1.2菜单　　　　　图4-82　导出Epub菜单

表4-11　导出Epub菜单属性

序号	属性名称	说明
1	文件名	导出文件的名称
2	文件保存位置	导出文件存放的位置
3	标题	导出文件的标题名称
4	作者	制作者的名称
5	日期	导出文件的时间设置
6	版本	导出文件的版本号

八、文件信息（信息页设置）

文件信息菜单是为了输入说明内容版权等信息，包括文档标题、作者、说明、版权条款、版权 URL、创建日期、修改日期和创建工具。

1.Step1　打开文件信息窗口

如图 4-83 所示，点击主菜单上的"文件"→"文件信息"，弹出文件信息菜单。也可以通过点击 Ctrl+Alt+I 的快捷方式，打开文件信息菜单。

2.Step2　填写文件信息

如图 4-84 所示，依据提示，填写对应信息。信息填写完毕后，点击"确定"保存信息。文件信息菜单属性，见表 4-12。

图 4-83　打开文件信息菜单

图 4-84　文件信息菜单画面

表 4-12　文件信息菜单属性

序号	属性名称	说明
1	文档标题	超媒体电子书名称
2	作者	制作者的名称
3	说明	内容说明
4	版权条款	版权声明
5	版权 URL	版权网址

序号	属性名称	说明
6	创建日期	内容生成日
7	修改日期	内容最后修改日期
8	创建工具	制作内容的制作工具版本

九、文档设置

文档设置菜单是填写超媒体电子书的一些基本属性：模板方式、方向、像素，以及是否放大和添加水印。

1.Step1　打开文档设置菜单

如图4-85所示，点击主菜单上的"编辑"→"文档设置"，弹出文档设置菜单。也可以通过点击Ctrl+Shift+K的快捷方式，打开文档设置菜单。

2.Step2　填写文档设置

如图4-86所示，在文档设置菜单填写相关信息。信息填写完毕后，点击"确定"保存信息。文档设置菜单属性，见表4-13。

图4-85　打开文档设置菜单

图4-86　文档设置菜单画面

表4-13　文档设置菜单属性

序号	属性名称	说明
1	模式	分为定制和杂志模式两种
2	方向	分为垂直和水平两种
3	宽度	内容宽度
4	高度	内容高度
5	放大	有无放大/缩小功能，勾选后就能设置具体信息： (1) 放大倍数：放大最大比率，分为2倍、3倍和4倍三种； (2) 手势：放大/缩小事件的方式，分为双击、两指和三指三种方式
6	水印	是否插入版权保护图片，勾选后就能设置具体信息： (1) 文件位置：图片文件的位置。点击 ▢▢ 就会弹出浏览窗口； (2) 位置：选择水印插入位置，分为左上角、左下角、右上角、右下角和中心

十、模板设置

根据设置模板的不同，要设置的属性也会不同。

如图4-87所示，点击主菜单上的"编辑"→"模板设置"，打开模板设置菜单。也可以通过点击Ctrl+Alt+K的快捷方式，打开模板设置菜单。

(一)定制模式的模板设置

图4-88所示为定制模式下打开的模板设置菜单。

图4-87　打开模版设置菜单　　　　图4-88　模板设置—定制模式设置窗口

在页面根目录，选择内容页面，点击"确定"按钮保存。

(二)杂志模式的模板设置

图4-89所示是杂志模式下打开的模板设置菜单。定制模式设置菜单属性，见表4-14。

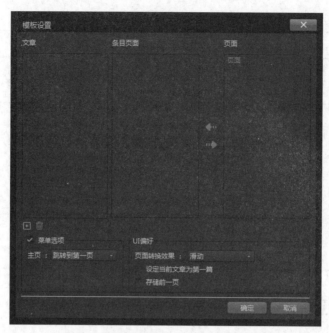

图4-89 模板设置—定制模式设置菜单

表4-14 模板设置—定制模式设置菜单属性

序号	属性名称	说明
1	文章	文章列表： ⊡：新建文章 🗑：删除文章
2	条目页面	隶属于被选中文章的页面列表
3	页面	在内容中生成的页面列表
4	菜单选项	是否设置主页功能 主页分为跳转至第一页和退出两种功能，一般情况会设置退出功能
5	UI偏好	是否设置偏好功能： （1）页面转换效果：分为滑动、反向翻转和翻转三种效果 （2）设定当前文章为第一篇：选择是否设置 （3）存储前一页面：是否只保存到前一页面

十一、首选项

首选项菜单是填写超媒体电子书的一些制作偏好，包括界面、播放器、网格线、字符和导入五部分。

1.Step1 打开首选项菜单

如图4-90所示，点击主菜单上的"编辑"→"首选项"，弹出首选项菜单。也可以通过点击Ctrl+K的快捷方式，打开首选项菜单。

2.Step2 填写首选项菜单

（1）界面

如图4-91所示，设置DreamBook Author操作界面的显示语种，分为英文和中文两种。选择后点击"确定"保存设置。

图4-90　打开首选项菜单

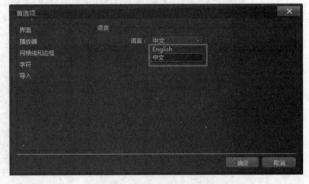

图4-91　首选项—界面菜单

（2）播放器

如图4-92所示，设置预览时使用的播放器所处的位置。选择后点击"确定"保存设置。

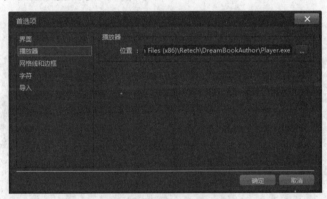

图4-92　首选项—播放器

（3）网格线和边框

如图4-93所示，设置画布边框的颜色、网格的间距及颜色。选择后，点击"确定"保存设置。

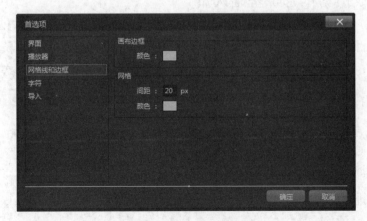

图4-93　首选项—网格线

（4）字符

如图4-94所示，设置默认字体所处的位置和字体样式。选择后，点击"确定"保存设置。

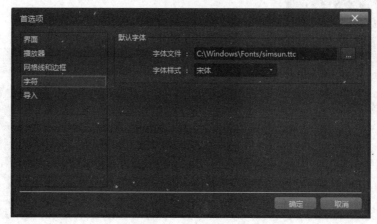

图4-94 首选项字符

（5）导入

如图4-95所示，设置导入PDF的默认字体文件所处的位置和字体样式。选择后，点击"确定"保存设置。

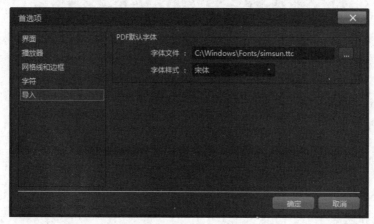

图4-95 首选项导入

十二、完成预览和 加深基础认知

若要预览项目，首先要先新建一个预览对象。预览对象可以是一个文章或页面。可打开追梦布客APP，点击其扫一扫按钮，扫描图4-96所示二维码，查看案例31的动态效果。

图4-96 案例31二维码

1.Step1 插入图片文件

插入"第四章→第三节→Resource→Part 02 DreamBook"文件夹中的图片，并按照以下坐标位置对页面进行排版：Image001（0，0，0）；Image002（328，517，0）；Image003（123，63，0）；Image004（147，210，0）；Image005（147，420，0）；Image006（38，210，0）。

2.Step2　点击预览按钮

如图 4-97 所示，点击水平工具栏中的预览按钮 。点击预览或者 Ctrl+Enter 的快捷方式，可以全部预览。点击预览当前页或者 Ctrl+Shift+Enter 的快捷方式，可以只预览当前页面。

图 4-97　水平工具栏预览的位置

3.Step3　预览

如图 4-98 所示，在 PC 中制作的内容可以在 PC 播放器上进行预览。

PC 播放器上展现的效果和其他操作系统设备上展现的画面效果是相同的，但是不具备部分终端设备上的功能（如震动、分享等）。

（1）返回首页或退出按钮

对应模板设置菜单中菜单属性所设置的功能，或者返回首页，或者退出本书阅读界面。

（2）目录按钮

如图 4-99 所示，显示文章目录。

图 4-98　制作完成页面预览画面

图 4-99　目录

（3）搜索按钮

如图 4-100 所示，打开/关闭文本搜索框，只能搜索本书的文本内容。

（4）分享按钮

点击分享按钮，可将页面分享到其他平台。

（5）书签按钮

确定/取消标记为书签。如图 4-101 所示，书签页面可以点击目录按钮中的"书签"查看，双击书签。

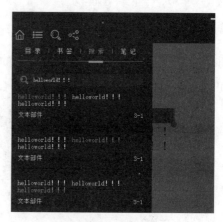

图4-100 搜索　　　　　　　　　　　图4-101 书签

（6）缩略图按钮

如图4-102所示，点击此按钮可跳转至整体页面列表画面。

图4-102 缩略图

十三、打包发布

在打包发布之前，需要将多个页面归整到对应的文章中，并对其顺序进行排列。当然，在一开始设计页面时，也可以按照先后顺序进行排列。这样在页面较多时，能更快速地进行归整合排序，减少制作时间。

（一）设置杂志模板

DreamBook Author可利用杂志模板更快、更便捷地制作杂志形式的内容。

杂志模板可以构成横向、纵向和复合型的页面，能够根据杂志的内容安排，用多式多样的页面结构来制作出所需内容。

1.Step1 打开文档设置菜单

如图4-103所示，点击主菜单上的"编辑"→"文档设置"，打开文档设置菜单。也可以通过点击Ctrl+Shift+K的快捷方式，弹出文档设置菜单。

2.Step2 填写文档设置

如图4-104所示，在"文档设置"的对话菜单中，将模板改为"杂志"，然后点击"确定"按钮。

图4-103　打开文档设置菜单　　　　　　　　图4-104　文档设置菜单

3.Step3 生成文章

如图4-105所示，在杂志对话框打开后，点击"新建"按钮，生成文章。

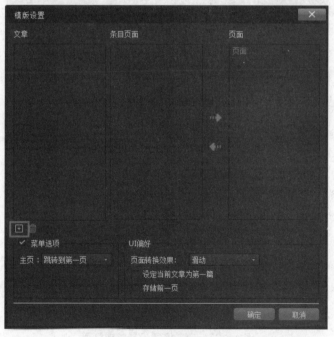

图4-105　杂志对话框画面

4.Step4 添加条目页面

如图4-106所示，选中生成的文章，在右侧的项目页面列表中选择第一个页面，然后点击按钮添加页面到文章中，也可以双击要添加的页面进行添加。先选择条目页面中要删除的页面，再点击 按钮则可将其从中删除，也可以双击该页面。

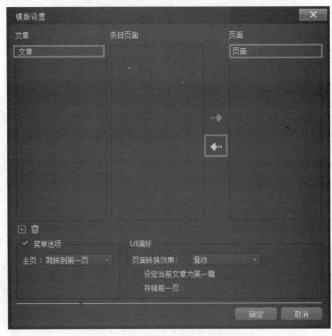

图4-106 添加页面到文章中的画面

5.Step5 保存设置

如图4-107所示，点击"确定"按钮，将当前文档变更到杂志模式。

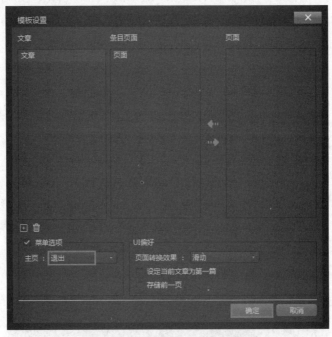

图4-107 杂志模式设置完成画面

6.Step6 生成场景缩略图

如图4-108所示，生成场景缩略图后点击"确定"按钮保存设置。

图 4-108　生成场景缩略图的画面

技巧提示：由于缩略图是将页面中可见的画面捕捉下来的，所以内容制作完成后务必要再生成一次。

7.Step7　预览

点击水平工具栏中的预览按钮，点击快捷键 Ctrl +Enter 或者 Ctrl+Shift+Enter，打开电脑播放器进行预览。

8.Step8　页面导航界面

点击顶部菜单右侧的缩略图  按钮，可以看到默认页面导航界面。

（二）生成页面

要生成页面，需要按照需求进行页面的新建和内容的编辑，完成后再进行模板设置并生成页面缩略图。可打开追梦布客 APP，点击其扫一扫按钮。通过扫描图 4-109 所示的二维码来查看案例 31 的动态效果。

图 4-109　案例 31 二维码

1.Step1　制作页面

如图 4-110、图 4-111 所示，首先使用"第四章→第三节→Rcsource ›Part 03 Dream-Book"文件夹中的素材，按照提示制作 2 个页面。

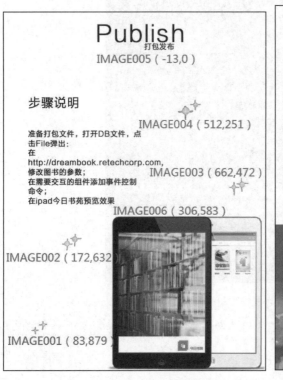

图4-110　制作第2页画面　　　　图4-111　制作第3页画面

2.Step2　打开模板设置

如图4-112所示，制作两个页面之后，点击主菜单上的"编辑"→"模板设置"，打开文档设置菜单。也可以通过点击Ctrl+Alt+K的快捷方式，打开模板设置菜单。

3.Step3　填写模板设置

如图4-113所示，选中第1个文章，在页面列表中选中页面_2，点击 按钮将其添加页面到文章中，也可以双击要添加的页面进行添加。

如图4-114所示，上一步添加的页面，会在第1个文章中以纵向结构的形态呈现。

图4-112　打开模板设置菜单

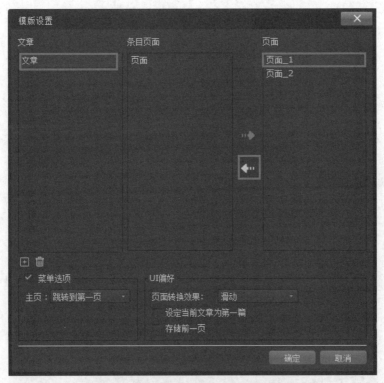

图4-113　在第1个文章中加入第2个页面

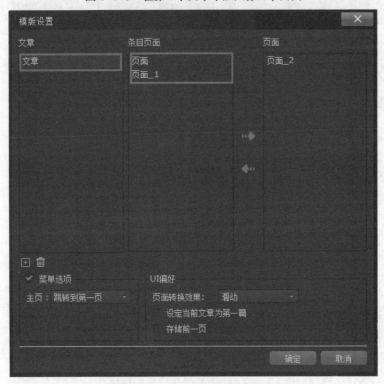

图4-114　纵向结构页面画面

4.Step4　生成第2个文章

如图4-115所示，点击新建按钮 ⊞ ，以生成第2个文章。

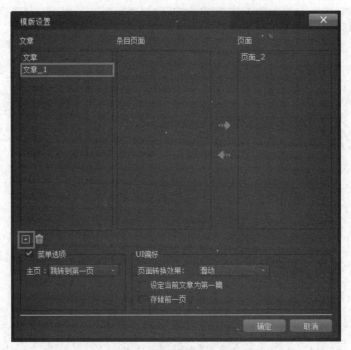

图4-115　生成第2个文章画面

5.Step5　给第2个文章添加页面

如图4-116所示，在第2个文章中添加"页面_2"。

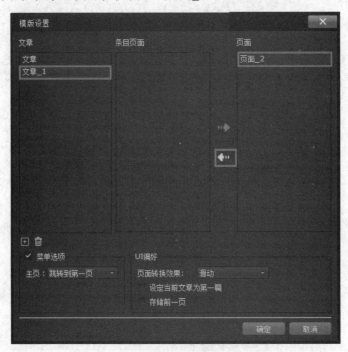

图4-116　在第2个文章中添加页面的画面

6.Step6　设置菜单选项

如图4-117所示，将菜单选项中的主页功能修改为"退出"，点击"确定"按钮，保存设置。

图4-117　页面添加完成画面

7.Step7　生成场景缩略图

如图4-118所示，缩略图生成后，点击"确定"按钮保存设置。

图4-118　缩略图生成完毕画面

8.Step8　预览

如图4-119、图4-120所示，打开电脑播放器并进行预览，横向拖动鼠标，则移动到下一个文章页面；纵向拖动鼠标，则移动到该文章中的第2个页面。

图4-119　横向换页画面　　　　　　　　图4-120　纵向换页画面

9.Step9　导航栏

如图4-121所示，点击顶部的导航按钮，则整个内容的页面结构可一目了然。点击想要看的页面，可以跳转至该页面。

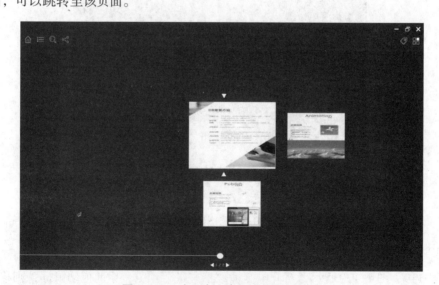

图4-121　由两个文章组成的导航画面

正如之前所说，在文章中添加多个页面，就可以构成一个纵向页面。生成多个文章后，可以生成横向页面。也可以制作同时包含纵向、横向页面的复合形态的内容，后面还会介绍更多的杂志模板的功能。到此为止，我们已经学习了制作 e-Book 形式内容的基本方法。随后，我们也会学习使用动画、事件、JS代码呈现脚本等功能制作交互性强的内容。

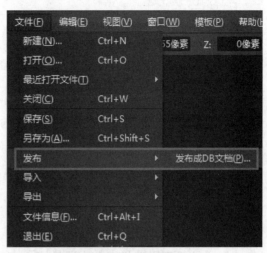

图 4-122　打开发布菜单

（三）了解更多发布配置

完成了页面的生成，并确认预览无误后，接下来就可以发布项目了。

1.Step1　打开发布菜单

如图 4-122 所示，点击主菜单上的"文件"→"发布"→"发布成 DreamBook Author 文档"，打开发布菜单。

2.Step2　打开发布菜单

如图 4-123 所示，在发布菜单中，填入文件名和文件保存位置。填写完毕后，点击"发布"按钮进行发布。

图 4-123　发布菜单

3.Step3　确认发布完成

如图 4-124 所示，在发布完成后，点击"确定"完成发布。

图 4-124　发布完成菜单

课堂总结

要制作一本 DreamBook 超媒体电子书，首先要新建一个项目文件和项目管理文件夹，加入素材文件（图片、音频、视频、文档和 APP 图像等），借助对象编辑工具和画布编辑工具进行素材编辑处理，并将页面正确排序，对文件信息、文档和模板等进行设置。在预览测试无误后，就能打包发布了。

练习与答案

练习

1. 如果需要一本在Pad端能自由翻页并且水平阅读的超媒体电子书，在新建项目菜单中需要怎么填写？

2. 对象编辑工具有哪些？要改变对象的位置，使用哪个编辑工具？

3. 版权条款需要打开哪个菜单进行填写？

4. 字体是在哪个菜单中修改？

5. 预览有几种模式？分别是什么？

答案

1. 文档类型需选择"杂志"模式，方向选择"水平"，分辨率信息宽度"1024"、高度"768"，如图4-125所示。

图4-125　生成的项目文件夹

2. 对象编辑工具包括选择工具、平移工具、旋转工具、缩放工具和中心轴工具。平移工具可以改变对象位置。

3. 文件信息菜单。

4. 首选项菜单。

5. 预览有两种模式，分别是预览（所有页面）和预览当前页。

第五章　DreamBook Author使用技巧

想要使用DreamBook Author工具制作并发布一本合乎心意的超媒体电子书，就需要在每个制作环节都力求完美。在本章内容学习中你将了解以下七类知识。

- 素材的准备；
- 对象工具的使用；
- 音视频的处理；
- 动画的制作；
- 事件动作功能；
- JS代码呈现脚本；
- 管理平台的操作方法。

第一节　制作素材准备

小节提要

想要拥有良好视觉体验的超媒体出版物，前期必定要使用专业的平面工具进行平面设计，而DreamBook Author尊重并适应这种通用设计制作流程，可参照平面稿件进行二次排版，以便更好地满足最终视觉效果的呈现需求。通过本节课程学习，可了解如何正确处理素材，以便在制作过程中能够更顺利地进行操作。

一、素材准备

运用DreamBook Author进行超媒体电子书制作时，一般以图片素材为主，文字、音视频文件为辅。因此，对图文信息的处理会直接影响制作效果。在正式运用DreamBook Author制作前，对制作素材进行必要的处理，不仅可以方便操作，还能提高制作效率。

(一)界面尺寸

图片尺寸由图片的像素决定。像素越大，图片越清晰，图片相对占用的空间就会越大，这会延长播放时资源加载的时长。因此在使用DreamBook Author制作时，需要控制图片尺寸。只有在保证清晰度的同时控制图片大小，成品才能获得较好的用户体验。

1.通用设备尺寸

目前，超媒体电子书多呈现于移动端设备，因此使用工具进行制作时，首先确定需要呈现的设备及其界面的尺寸。

（1）iPhone界面尺寸

图5-1所示为3种较为常见的iPhone界面尺寸。制作时，一般选用最新款的尺寸作为标准，以此为标准制作的成品会比较符合大众的视觉习惯。

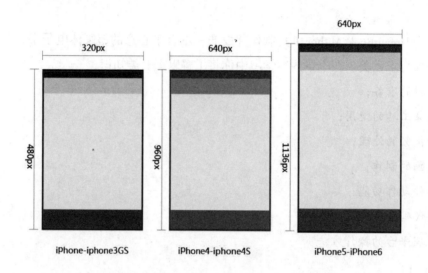

图5-1　iPhone界面尺寸图

iPhone界面尺寸的详细数据见表5-1。

表5-1　iPhone界面尺寸详表

设备	分辨率	状态栏高度	导航栏高度	标签栏（工具栏）高度
iPhone6 plus设计版	1242*2208	60px	132px	146px
iOS APP设计一稿支持iPhone5/iPhone6/Plus设计流程				
iPhone6 plus物理版	1080*1920	54px	132px	146px
iOS APP设计一稿支持iPhone5/iPhone6/Plus设计流程				
iPhone6	750*1334	40px	88px	98px（88px）
iPhone5s	640*1136	40px	88px	98px（88px）
iPhone5c	640*1136	40px	88px	98px（88px）
iPhone5	640*1136	40px	88px	98px（88px）
iPhone4s	640*960	40px	88px	98px（88px）
iPhone4	640*960	40px	88px	98px（88px）

技巧提示：以640px×960px为例，转化为Android设备时，需改尺寸为480px×800px。其他iPhone型号的界面若改为Android界面时，须按照比例进行尺寸调整。常用的Android设备尺寸可参照表5-2。

（2）iPad界面尺寸

移动端设备除了手机外，还有平板电脑，这些设备是超媒体电子书主要的呈现平台，在超媒体电子书制作的界面尺寸设定中，iPad的尺寸运用最多。

如图5-2所示，为3种比较常见的iPad界面尺寸。

表5-2　Android手机界面尺寸详表

设备	分辨率	尺寸	设备	分辨率	尺寸
三星Galaxy S3	4.8英寸	720*1280	三星Galaxy S4	5英寸	1080*1920
三星Galaxy S5	5.1英寸	1080*1920	三星Galaxy S6	4.5英寸	1200*1920
小米1	4英寸	480*854	小米1s	4英寸	480*854
小米2	4.3英寸	720*1280	小米2s	4.3英寸	720*1280
小米3	5英寸	1080*1920	小米3s（概念）	5英寸	1080*1920
小米4	5英寸	1080*1920	红米	4.7英寸	720*1280
红米Note	5.5英寸	720*1280			
OPPO Find 7	5.5英寸	1440*2560	OPPO Find 7轻触版	5.5英寸	1080*1920
OPPO N1 mini	5英寸	720*1280	OPPO R3	5英寸	720*1280
OPPO R15	5英寸	720*1280			
锤子 Smartisan T1	4.95英寸	1080*1920			
华为 Ascend P7	5英寸	1080*1920	华为 Ascend Mate7	6英寸	1080*1920
华为荣耀6	5英寸	1080*1920	华为 Ascend Mate2	6.1英寸	720*1280
华为 C199	5.5英寸	720*1280			
HTC One（M8）	5英寸	1080*1920	HTC Desire 820	5.5英寸	720*1280
魅族 MEIZU MX4	5.36英寸	1152*1920	魅族 MEIZU MX3	5.1英寸	1080*1800

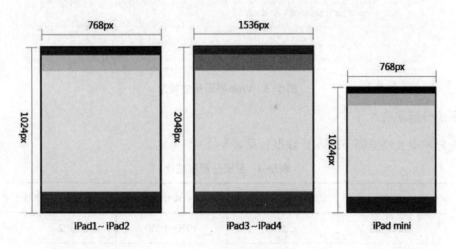

图5-2　iPad界面尺寸图

iPad界面尺寸详表见表5-3。

表5-3　iPad界面尺寸详表

设备	分辨率	状态栏高度	导航栏高度	标签栏（工具栏）高度
iPad6/iPad Air2	2048*1536	40px	88px	98px
iPad5/iPad Air/iPad mini2	2048*1536	40px	88px	98px
iPad4/iPad mini	2048*1536	40px	88px	98px
iPad3/the new iPad	2048*1536	40px	88px	98px
iPad2	1024*768	20px	44px	49px
iPad1	1024*768	20px	44px	49px
iPad mini	1024*768	20px	44px	49px

（3）Web（大屏）界面尺寸

虽然手持终端是超媒体电子书的主要展示设备，却也不排除电子书有大屏显示的需要。因此，需要根据大屏尺寸对电子书尺寸做出相应调整；否则，容易出现放大后模糊的现象。

图5-3所示为Web端界面尺寸规范。

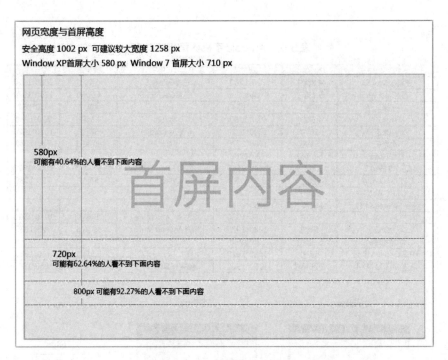

图5-3　Web界面尺寸规范

2.系统分辨率统计

综合分辨率及浏览器下的统计数据，见表5-4。

表5-4　系统分辨率统计

尺寸	使用比例（100%）	尺寸	使用比例（100%）
1024×768	29	1920×1080	2
1440×900	16	1280×720	1
1366×768	14	1280×960	1
1280×800	13	1360×768	1
1280×1024	5	1024×600	1
1280×768	3	800×600	1
1152×864	3	1093×614	1
1680×1050	3	其他	4
1600×900	2	—	—

从上表可以看到，通用安全界面尺寸为1024×768，可建议大分辨率为1280×800。为保证较好的交互效果，在本书后续的案例中，多选用1024×768作为演示尺寸。

(二)图形部件规范

1.图形

单独存在的图形部件尺寸必须是偶数，便于后面对称与切图。

除了图片，其他形状均用形状工具绘制。只有这样，才能保证图形边缘不模糊。

2.按钮

可点击部件Retina屏不小于88px，普通屏幕不小于44px。

按钮必须考虑四种状态："默认""按下""选中"不可点击，如图5-4所示。至少考虑两种状态，即"默认"和"选中"。

图5-4　Web界面尺寸规范

3.图片

DreamBook Author能够加载的单张图片分辨率须小于2048px×2048px，弹出显示如图5-5所示。如超过此分辨率，则须进行切图，方能置入DreamBook Author中。

图5-5　图片像素限制

(三)图片格式

DreamBook Author支持*.png、*.jpg、*.jpeg格式图片导入。除此之外，DreamBook Author还支持Word、PDF、PPT、Epub文件的导入。

(四)图片切图

平面设计师在做完设计之后，呈现设计师需要把设计图分解成适合超媒体电子书制作的切片素材，如此才能做出更多的呈现效果。虽然这一部分内容并不属于DreamBook Author工具的使用范畴，但是作为超媒体电子书制作的准备工作却是必不可少的。

首先，需要用到的文件就是.psd文件，一般都是由平面设计师来完成的。我们切图也就是切.psd文件，因为.psd文件是分层的，所以想切哪里就能切哪里。

具体操作步骤如下。

1.Step1　切图工具

在Photoshop中选择切图工具对图片进行裁切。切图工具，如图5-6所示。

　　技巧提示：使用切片工具对图片进行裁切后，在切线框内单击鼠标右键弹出菜单，可以对切片进行编辑，如图5-7所示。

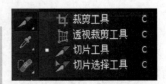

图5-6　切图工具

2.Step2 保存文件

点击左上角菜单栏的"文件",选择"存储为web所用格式"选项。如果图片不规则,且背景有透明部分,那么一般选择png格式。如果是其他普通图片,那么哪个格式存储的文件小就选择哪个,这样能保证网页加载速度快。

3.Step3 存储设置

点击下面的"存储"按钮。然后,给图片命名,选择一个保存地址。最后,选择"选中的切片",不然好多没用的图片都会保存下来,如图5-8所示。

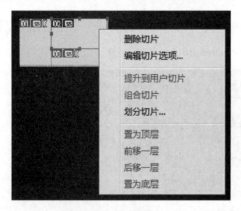

图5-7 切片编辑

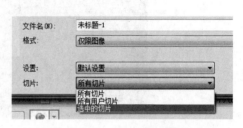

图5-8 切片保存选择

4.Step4 调用切图

找到保存图片的位置,在相应文件中已经保存一个我们想要的图片了。

> 技巧提示:在切图时可以先添加参考线,因为参考线在鼠标靠近时有吸附功能,这样切图不容易切错位置。或者可以将制作完的图片元素转换为智能对象,这样双击智能对象即可获取保存png图像。不过这种方法不适合批量切图。

(五)图片大小

1.单张图片大小

由于DreamBook Author能够加载的单张图片分辨率须小于2048px×2048px,因此长宽度必须控制在2048px×2048px之内。

> 技巧提示:单页内容加载量直接影响页面呈现效果。因此,若是子页面图片拼接,其总长度或总宽度尽量控制在15000px之内,否则可能会出现卡顿现象。

2.单页大小

制作须保证单页控制在2M,整本书内容尽可能控制在300M以内。

(六)音视频格式

音频仅支持MP3格式。视频仅支持MP4格式。

若格式不符,则需要使用其他工具对其进行格式转换后才能置入。

二、素材导入

准备好制作素材，只有将其导入 DreamBook Author 中，方能进行内容的排版及效果制作。

（一）图片素材导入

打开 DreamBook Author 并登陆，在垂直工具栏点击图片工具图标，如图 5-9 所示，会弹出资源库菜单。在资源库菜单中点击添加资源按钮，弹出浏览窗口。在窗口中定位素材位置并选定需要导入的素材，点击"打开"按钮就能将其导入资源库中。可以在画布中看到导入对象。图片自动对齐到坐标原点。

如图 5-10 所示，在对象列表中，可以对素材进行简单的属性修改，如调整前后位置、群组、是否可见、锁定图片等。在对象列表中的图片名称上单击鼠标右键，同样可以进行属性修改。

图 5-9　垂直工具栏—图片

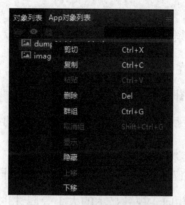

图 5-10　对象列表中的属性设置

图 5-11　属性窗口—图片

如果要修改图片对象的文件位置、宽高度像素值，可以在如图 5-11 所示的元素属性窗口中修改，还可以在此窗口内设置是否用像素绘制图片。

（二）音频素材导入

在垂直工具栏单击如图 5-12 所示的音频工具图标，如图 5-13 所示，此时在对象列表中增加了一项音频对象。音频文件的实际加入需要在元素属性窗口中进行载入。如图 5-14 所示，点击文件位置后的浏览按钮，在资源库菜单中添加准备好的音频文件，选中该音频并点击"设置文件"，音频文件才会载入到制作工具中。还可以设定音频文件是否重复播放。

图5-12　垂直工具栏—音频　　**图5-13　对象列表中的音频对象**　　**图5-14　属性窗口—音频**

> 技巧提示：音频置入后并不会在画布上出现内容。在事件/动作编辑中，可以对它进行使用和控制。由于在后面的事件/动作编辑中会进行具体讲述，此处略过。

(三)视频素材导入

同样，在垂直工具栏音频工具图标上，点击鼠标右键，在弹出菜单中单击如图5-15所示的视频工具图标。

在垂直工具栏上单击如图5-16所示的视频工具图标，置入的视频框会自动对齐到坐标原点。

如图5-17所示，视频文件的实际加入同样需要在元素属性窗口中进行载入。方法和音频载入的方法相同。视频显示的大小等属性也可以在此窗口中进行设置。

图5-15　垂直工具栏—视频　　**图5-16　垂直工具栏—视频**　　**如图5-17　属性窗口—视频**

(四)其他格式素材导入

在新版的DreamBook Author中，已将常用的元素及展现形式罗列至垂直工具栏中。可以在工具栏中选择适用的对象置入画布，再将素材文件载入。

一般情况下，处理好以上介绍的几种素材，就可以做出一本较为丰富的多媒体电子书了。

课堂总结

通过本节课程的学习，可对电子书的页面基本结构及基础对象的置入等知识有初步的了解。请通过练习熟练掌握基础知识内容、素材的适当处理，以及置入方法。

练习与答案

练习

1.比较通用的界面尺寸有哪些？

2.能够置入DreamBook Author的图片格式、音频格式和视频格式分别是什么？

3.能够置入DreamBook Author的单张图片的最大尺寸是多少？

答案

1.Pad端通用尺寸为1024px×768px；phone端常用尺寸为720px×1280px。

2.图片格式支持*.png、*.jpg、*.jpeg；音频仅支持MP3格式；视频仅支持MP4格式。

3.单张图片分辨率需小于2048px×2048px。

第二节　对象工具

小节提要

本节主要学习DreamBook Author对象的编辑方法和技巧，包括基础的矩形、文本、文本编辑、按钮、图片、子页面对象、序列动画、图片切换、全景图等交互对象，以及多种习题对象和3D对象等。根据不同的需求，将这些对象加以组合和排列，就能完成一本DreamBook超媒体电子书的雏形了。

一、图片

在场景中添加图片对象。

1.Step1　打开资源库菜单

如图5-18所示，在"垂直工具栏"中单击图片工具的图标，会弹出资源库菜单。

2.Step2　在资源库中添加图片

如图5-19所示，在资源库菜单中点击添加资源按钮，弹出浏览窗口。

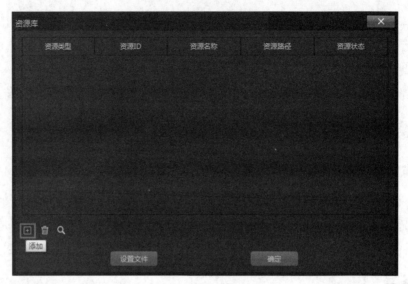

图5-18　垂直工具栏—图片　　　　　　　　　　　　　图5-19　资源库菜单

如图 5-20 所示，在窗口中选择资源后，点击"打开"按钮，就能将其导入资源库中了。

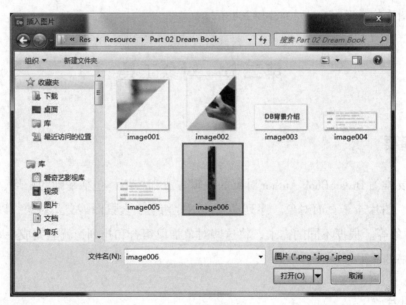

图5-20　浏览窗口

3.Step3　生成图片

如图 5-21 所示，选中需要添加到画布中的资源对象，点击"设置文件"按钮后，就能将该资源添加到画布中。

4.Step4　修改图片属性

如果要修改图片的元素属性，先在画布中选中图片，然后在图片属性窗口中设置。

如图 5-22 所示，在该窗口中，在宽度和高度栏中直接填数值就可以修改图片的大小；点击　　按钮，会弹出浏览窗口，可以修改文件位置。属性窗口的图片属性，见表5-5。

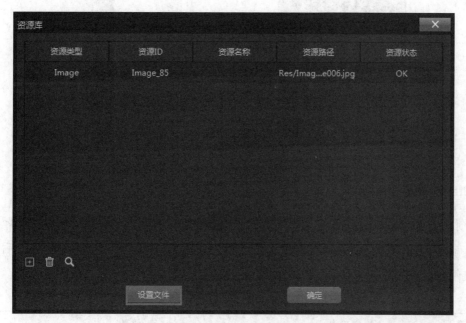

图5-21　资源库菜单

表5-5　属性窗口—图片属性

序号	属性名称	说明
1	宽度	对象的宽度
2	高度	对象的高度
3	文件位置	显示图片在资源库中的位置
4	像素绘制	是否需要像素绘制图片

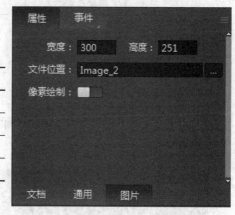

图5-22　属性窗口—图片

二、按钮

在场景中可添加自定义按钮对象，并能设置按钮对象不同点击状态下的图片。按钮是使用两个图片文件就可以轻易制作的对象。

1.Step1　打开按钮图片菜单

在垂直工具栏的矩形工具图标上，点击鼠标右键，在弹出菜单中单击如图5-23所示的按钮工具图标。单击垂直工具栏如图5-24所示的按钮工具图标，会弹出按钮图片菜单。

图5-23　垂直工具栏—按钮

图5-24　垂直工具栏—按钮

2.Step2　设置按钮图片

如图5-25所示，在按钮图片菜单中，点击▇▇按钮，会弹出资源库菜单。按钮属性，见表5-6。在资源库中，分别为默认图片和按压图片选择合适的图片，图片选择无误后，点击"设置文件"导入资源。

表5-6　按钮属性

序号	属性名称	说明
1	默认图片	未按压对象时按钮显示的图片在资源库中的位置
2	按压图片	按压对象时按钮显示的图片在资源库中的位置

3.Step3　修改按钮属性

如果要修改按钮的大小和样式，先在画布中选中按钮，然后将其切换到按钮属性窗口。

如图5-26所示，在该窗口中，在宽度和高度栏中直接填数值就可以修改按钮的大小；点击▇▇按钮，会弹出浏览窗口，可以修改按钮样式。属性窗口的按钮属性，见表5-7.

图5-25　按钮属性画面

图5-26　属性窗口—按钮

表5-7　属性窗口—按钮属性

序号	属性名称	说明
1	宽度	对象的宽度
2	高度	对象的高度
3	默认图片	未按压对象时按钮显示的图片在资源库中的位置
4	按压图片	按压对象时按钮显示的图片在资源库中的位置

三、序列动画

使用序列动画，可以使多张图片按顺序进行播放。

1.Step1　打开图片文件菜单

如图5-27所示，在垂直工具栏中单击序列动画工具的图标，会弹出图片文件菜单。

2.Step2　添加和删除图片文件

如图5-28所示，在图片文件菜单中，点击"添加"按钮，会弹出资源库菜单。

在资源库中选择合适的图片作为序列动画时展示的图片。图片选择无误后，点击"设置文件"导入资源。图片文件可以单张选择后点击"设置文件"添加图片，也可以按住Shift键选择多张图片后点击"设置文件"添加图片。完成图片添加后，点击"确定"，保存设置。

如图5-29所示，若要删除图片，先选中要删除的图片，之后点击"删除"按钮就能删除图片。

图5-27　垂直工具栏—序列动画　　　图5-28　添加图片文件菜单

3.Step3　修改序列动画属性

如果要修改序列动画的大小和样式，先在画布中选中序列动画，然后切换到序列动画属性窗口。

如图5-30所示，在该窗口中，在宽度和高度栏中直接填数值可以修改序列动画的大小；点击"设置"按钮，会弹出图片文件菜单，可以修改序列动画播放时展示的图片。属性窗口的序列动画属性，见表5-8。

图5-29　删除图片文件　　　　　图5-30　属性窗口—序列动画

表5-8　属性窗口—序列动画属性

序号	属性名称	说明
1	宽度	对象的宽度
2	高度	对象的高度
3	资源	序列动画时展示的图片，点击"设置"添加或删除图片文件
4	帧率	每秒要播放的图片数量
5	重复	是否重复播放

四、图片切换

图片切换是可以将多张图片制作成相册形态进行图片切换的对象。

1.Step1　打开图片文件窗口

在垂直工具栏的图片工具图标上，点击鼠标右键，在弹出菜单中单击如图5-31所示的图片切换工具图标。

单击垂直工具栏如图5-32所示的图片切换工具图标，会弹出图片文件菜单。

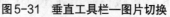

图5-31　垂直工具栏—图片切换　　　　图5-32　垂直工具栏—图片切换

2.Step2　添加和删除图片文件

如图5-33所示，在图片文件菜单中，点击"添加"按钮，会弹出资源库菜单。

在资源库菜单中，选择合适的图片作为图片切换时展示的图片。图片选择无误后，点击"设置文件"导入资源。图片文件可以单张选择后点击"设置文件"添加图片，也可以按住Shift键选择多张图片后点击"设置文件"添加图片。完成图片添加后，点击"确定"，保存设置。

如图5-34所示，若要删除图片，先选中要删除的图片文件，之后点击"删除"按钮就能删除图片。

图5-33　添加图片文件

图5-34　删除图片文件

3.Step3　修改图片切换属性

如果要修改图片切换的大小、样式和标示，先在画布中选中图片切换，然后切换到图片切换属性窗口。

如图5-35所示，在该窗口中，在宽度和高度栏中直接填数值可以修改展示区域的大小；点击"设置"按钮，会弹出图片文件菜单，可以修改图片切换时展示的图片。属性窗口的图片切换，见表5-9。

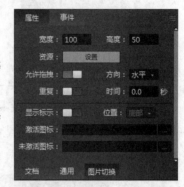

图5-35　属性窗口—图片切换

表5-9　属性窗口—图片切换

序号	属性名称	说明
1	宽度	对象的宽度
2	高度	对象的高度
3	资源	图片切换时展示的图片，点击"设置"添加或删除图片文件
4	允许拖拽	是否激活拖拽功能
5	方向	拖拽方向，分为水平和垂直两种方向
6	重复	是否重复播放
7	时间（秒）	图片自动转换的时间（以秒为单位），输入秒数后，会对应指定时间自动进行图片转换
8	显示标记	显示是否使用导航标记
9	位置	导航标记的位置，分为左部、顶部、右部、底部四种位置
10	激活图标	激活标记时显示的图片，点击█按钮，在弹出资源库菜单中进行设置
11	未激活图标	未激活标记时显示的图片，点击█按钮，在弹出资源库菜单中进行设置

五、矩形

矩形是用于编辑矩形图形的对象。

1.Step1　新建矩形

如图5-36所示，在垂直工具栏中单击矩形工具的图标，新建一个矩形。

2.Step2 修改矩形属性

如果要修改矩形的大小和样式，先在画布中选中矩形，然后切换到矩形属性窗口。

如图5-37所示，在该窗口中，在宽度和高度栏中直接填数值可以修改矩形的大小；点击颜色的显示框，会弹出设置颜色窗口，可以修改矩形的显示颜色。

图5-36　垂直工具栏—矩形

图5-37　属性窗口—矩形

颜色指对象的颜色。如图5-38所示，在弹出的设置颜色窗口中，可以在基础颜色中选择，也可以自定义颜色，或者直接输入颜色数值。在选好颜色后，点击"确定"按钮保存设置。

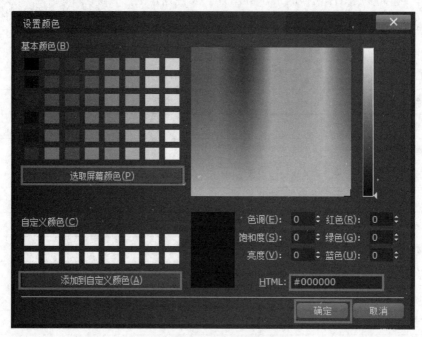

图5-38　矩形对象属性画面

六、页面切换

在页面切换中可以添加自主设置尺寸的页面。

1.Step1 打开页面切换菜单

在垂直工具栏的子页面工具图标上，点击鼠标右键，在弹出菜单中单击如图5-39所示的页面切换工具图标。

单击垂直工具栏如图 5-40 所示的页面切换工具图标，会弹出页面切换菜单。

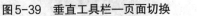

图 5-39　垂直工具栏—页面切换　　　　图 5-40　垂直工具栏—页面切换

2.Step2　添加和删除页面

如图 5-41 所示，在页面切换菜单中，先在"所有页面"栏选中要添加的页面，点击 按钮添加页面到文章中，也可以双击要添加的页面进行添加。选中要删除的页面，再点击 按钮则可将其从中删除，也可以双击要删除的页面进行删除。完成操作后，点击"确定"保存设置。页面切换菜单属性，见表 5-10。

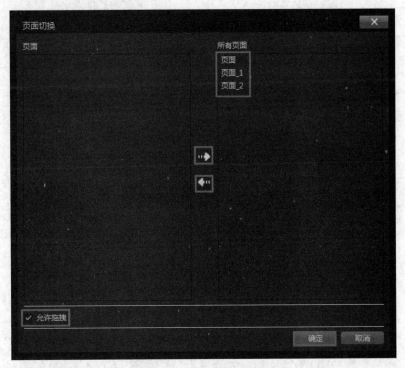

图 5-41　页面切换菜单

表 5-10　页面切换菜单属性

序号	属性名称	说明
1	页面	显示放入页面切换中的页面
2	所有页面	显示可以放入页面切换中的页面
3	允许拖拽	勾选就允许在页面切换时可以拖拽，不勾选就不能通过拖拽来实现页面切换的效果

3.Step3 修改页面切换属性

如果要修改页面切换的大小和样式，先在画布中选中主页面上的页面切换对象，然后切换到页面切换属性窗口。

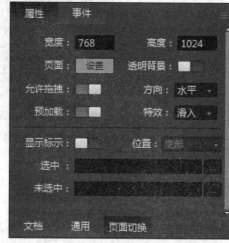

如图5-42所示，在该窗口中，在宽度和高度栏中直接填数值可以修改切换区域的大小；点击"设置"按钮，会弹出页面切换菜单，可以修改页面切换时展示的页面。属性窗口的页面切换属性，见表5-11。

图5-42 属性窗口—页面切换

表5-11 属性窗口—页面切换属性

序号	属性名称	说明
1	宽度	对象的宽度
2	高度	对象的高度
3	页面	页面切换时展示的页面，点击"设置"添加或删除页面
4	透明背景	显示/隐藏背景颜色
5	允许拖拽	是否激活拖拽事件
6	方向	页面切换方向，分为水平和垂直两种方向
7	预加载相邻页面	是否预先加载当前页面的左/右页面
8	特效	页面切换效果，分为滑入、反向翻转和翻转三种效果
9	显示标示	显示是否使用导航标记
10	位置	导航标记的位置，分为左部、顶部、右部、底部
11	选中	激活标记时显示的图片，点击██按钮，在弹出浏览窗口中选择图片
12	未选中	未激活标记时显示的图片，点击██按钮，在弹出浏览窗口中选择图片

七、子页面

在子页面中可以添加自主设置尺寸的页面。

1.Step1 打开按钮图片窗口

如图5-43所示，在垂直工具栏中单击子页面工具的图标，会弹出新建子页面菜单。

2.Step2　新建子页面

如图5-44所示，在页面栏中选择作为子页面导入的页面名，点击"确定"保存设置。

图5-43　垂直工具栏—子页面　　　　　图5-44　新建子页面菜单

3.Step3　修改子页面属性

如果要修改子页面的大小、样式和模式，先在画布中选中矩形，然后切换到子页面属性窗口。

如图5-45所示，在该窗口中，在宽度和高度栏中直接填数值可以修改子页面展示区域的大小。属性窗口的子页面属性，见表5-12。

图5-45　属性窗口—子页面

表5-12　属性窗口—子页面属性

序号	属性名称	说明
1	宽度	对象的宽度
2	高度	对象的高度
3	页面	设置本页的子页面对象的页面名
4	透明背景	是否选择本页原有素材作为子页面的背景进行展示

序号	属性名称	说明
5	模式	分为固定、滚动和拖拽三种模式。 （1）固定：对象静止不动 （2）滚动：子页面内容可以跟随操作方向进行内容滚动。在此模式状态下，子页面的宽度和高度值可以进行设置 （3）拖拽：在模式中选择拖曳，会看到拖拽属性的设置内容 可选择是否加入手势动作对子页面对象进行水平、竖直、平面方向的拖拽滑动，并且可以通过设置参数调整拖拽的区间。左面、右面、上面、下面为拖拽的起始区间值。 ①方向：选择拖拽模式时的拖动方向，分为水平、垂直和平面三种方向，方向和拖拽位置相对应。比如选择垂直方向，则只能设置顶部位置和底部位置； ②手指拖拽：拖动模式时，在拖动后像磁石一样进行吸附的效果； ③左侧位置：拖拽模式时横向向左可拖动区域的值； ④右侧位置：拖拽模式时横向向右可拖动区域的值； ⑤顶部位置：拖拽模式时竖向向上可拖动区域的值； ⑥底部位置：拖拽模式时竖向向下可拖动区域的值

八、文本

输入文本的对象。

1.Step1　新建文本

如图5-46所示，在垂直工具栏中单击文本工具的图标新建文本。

2.Step2　编辑文本内容

双击文本，文本框中出现如图5-47所示的闪动光标，可以修改文本内容；输入完成后点击空白区域退出文本编辑模式。

Text

图5-46　新建文本　　　　　　　图5-47　编辑文本内容

3.Step3　修改文本属性

如果要修改文本的大小和样式，先在画布中选中文本，然后将界面切换到文本属性窗口如图5-48所示，在该窗口中会显示文本的属性，包括大小、样式、段落样式和是否合并。属性窗口的文本属性，见表5-13。

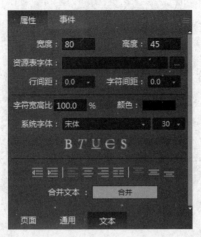

图5-48　属性窗口—文本

表5-13　属性窗口—文本属性

序号	属性名称	说明
1	宽度	对象的宽度
2	高度	对象的高度
3	字体位置	显示的字体所处的位置。字体为ttf或oft或ttc格式。字体文件需要存放到素材文件夹中，否则移动项目后无法显示该字体
4	行间距	文字行与行之间相隔的距离，可选择自动或自定义数值
5	字符间距	文字与文字相隔的距离，可选择自动或自定义数值
6	字符宽高比	文字显示的宽度是正常宽度的多少倍
7	颜色	文字显示的颜色，可以点击色彩框在弹出的设置颜色菜单中重新选择
8	系统字体	文字显示的字体格式。字体必须和字体位置相一致
9	字号	文字显示的大小
10	显示风格	分为加粗、斜体、下划线、删除线和阴影五种
11	显示位置	段落左移、段落右移；左对齐、居中、右对齐、两端对齐；顶端对齐、垂直居中、底端对齐
12	合并文本	可以同时选中多个文本进行合并

技巧提示：若用户输入宽高度指定值，则边框区域被固定，若将边框区域值输入为"0"，则边框区域会根据文本长度进行相应调整。

4.Step4　保存操作

在模板设置窗口中，点击"确定"按钮，生成新的场景缩略图，保存刚才的操作。

5.Step5　预览文本

如图5-49所示，运行PC播放器，长按刚才编辑好的文本，则文本被激活。

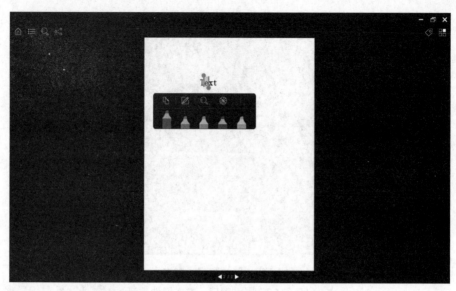

图5-49　激活文本

（1）标注重点

先用选择标记的区域，如图5-50所示选择色笔进行标记，有红、蓝、绿、紫和黄五种颜色。

图5-50　激活文本

（2）笔记功能

如图5-51所示，可以对选择的区域标注信息。

图5-51　激活文本

如图5-52所示，可以点击目录按钮中的笔记，查看标注信息的列表。在笔记上点击鼠标右键，会弹出"删除"按钮，可删除笔记。

（3）搜索本书中的文本

选择要搜索的文字后，点击此按钮，如图5-53所示，会直接显示搜索结果。

图5-52 查看笔记 　　　　　　　　　　　图5-53 显示文本搜索结果

（4）网页搜索

如图5-54所示，打开网页进行搜索。

图5-54 显示网页搜索结果

（5）删除

删除颜色标记。

九、文本编辑

在播放器状态时输入信息的对象，主要用于填空题、简答题时输入答案的区域。

1.Step1 新建文本编辑

在垂直工具栏的文本工具图标上，点击鼠标右键，在弹出菜单中单击如图5-55所示的文本编辑工具图标。

单击垂直工具栏如图5-56所示的文本编辑工具图标，会弹出文本编辑框。

图5-55 垂直工具栏—文本编辑 　　　　图5-56 垂直工具栏—文本编辑

图5-57　属性窗口—文本编辑

2.Step2　文本编辑属性

如图5-57所示，先点击文本编辑对象，在文本编辑属性窗口中会显示其属性，包括大小、样式和段落样式。属性窗口的文本编辑属性，见表5-14。

表5-14　属性窗口—文本编辑属性

序号	属性名称	说明
1	宽度	对象的宽度
2	高度	对象的高度
3	文件位置	显示的字体所处的位置。字体为ttf或oft格式。字体文件需要存放到素材文件夹中，否则移动项目后无法显示该字体
4	行间距	文字行与行之间相隔的距离，可选择自动或自定义数值
5	字符间距	文字与文字相隔的距离，可选择自动或自定义数值
6	字符宽高比	文字显示的宽度是正常宽度的多少倍
7	颜色	文字显示的颜色，可以点击色彩框在弹出的设置颜色菜单中重新选择
8	文本长度	可输入文本符号的个数
9	系统字体	文字显示的字体格式。字体必须和字体位置相一致
10	字号	文字显示的大小
11	显示风格	分为加粗、斜体、下划线、删除线和阴影五种
12	显示位置	段落左移、段落右移；左对齐、居中、右对齐

十、公式

在页面中可以添加化学公式和数学公式。

1.Step1　打开公式菜单

在垂直工具栏的文本工具图标上，点击鼠标右键，在弹出菜单中单击如图5-58所示的公式工具图标。

单击垂直工具栏如图5-59所示的e^x公式工具图标，会弹出公式菜单。

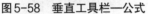

图5-58　垂直工具栏—公式　　　图5-59　垂直工具栏—公式

2.Step2　打开公式菜单

如图5-60所示，在公式菜单中选择公式的类型，点击"确定"，会跳转至公式编辑模板（需提前安装 Microsoft Office）。

3.Step3　编辑公式

如图5-61所示，在公式编辑模板中使用工具，编辑需要的公式。编辑完成后，点击空白处退出编辑。确认无误后，点击关闭按钮，退出公式编辑模板，返回 DreamBook Author 工具编辑界面，编辑好的公式将会以图片的方式插入文本中。

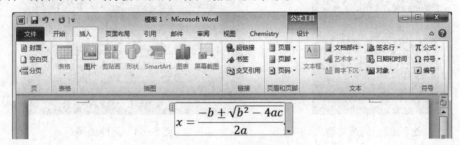

图5-61　公式编辑模板

4.Step4　公式属性

如图5-62所示，先选中公式对象，在公式属性窗口中会显示其属性，包括宽度、高度和修改按钮。属性窗口的公式属性，见表5-15。

图5-60　公式菜单　　　　　　　图5-62　属性窗口—公式

表5-15　属性窗口—公式属性

序号	属性名称	说明
1	宽度	对象的宽度
2	高度	对象的高度
3	修改	点击按钮后返回公式编辑模板

十一、习题

如图5-63所示，DreamBook Author工具提供基本的问题类型，包括填空题、判断题、多选题、连线题、简答题和拍照题，以及提交按钮和重做按钮。

点击习题工具图标，会弹出习题的例题。点击例题，会在问题窗口中显示如图5-64所示例题的大小、编辑按钮和背景设置，点击"编辑"就可以进入习题编辑界面。问题类型属性，见表5-16。

图5-63　问题类型

图5-64　问题类型

表5-16　问题类型属性

序号	属性名称	说明
1	宽度	对象的宽度
2	高度	对象的高度
3	修改	点击"编辑"按钮，就可以进入习题编辑界面
4	透明背景	是否使用透明背景

(一)填空题

填空题，即空白问题，是在空白处输入答案类型的问题。

1.Step1　打开填空题例题

如图5-65所示，在垂直工具栏中单击填空题工具的图标，会弹出如图5-66所示的填空题例题。

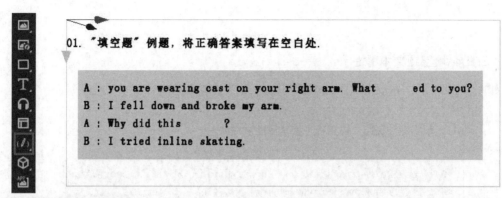

图5-65 垂直工具栏—填空题　　　　图5-66 填空题例题

2.Step2 填空题答案属性

先点击填空题例题的外部区域，在元素属性窗口中会显示如图5-67所示的分值、问题数和答案。所有信息填写完毕后，点击"完成"保存设置，就能退出填空题编辑界面。答案属性窗口的元素属性，见表5-17。

表5-17 答案属性窗口—元素属性

序号	属性名称	说明
1	得分	填空题的总分值，最大可以输入100
2	空号码	填空的数量，可在下拉窗口中选择需要的空格数，选择区域为1~10
3	第一题答案	第一个空格的正确答案
4	第二题答案	第二个空格的正确答案
5	完成	填写完毕后保存设置的提交按钮

3.Step3 填空题问题区域属性

如图5-68所示，先点击填空题例题的灰底区域，在矩形属性窗口中会显示其大小和颜色。问题区域属性窗口的元素属性，见表5-18。

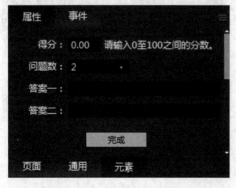

图5-67 属性窗口—元素　　　　图5-68 填空题问题区域属性

表5-18 问题区域属性窗口—元素属性

序号	属性名称	说明
1	宽度	对象的宽度
2	高度	对象的高度
3	颜色	填空题题目区域的背景颜色

4.Step4 填空题文本属性

如图5-69所示，先双击文本区域，可以修改需要填入的内容。

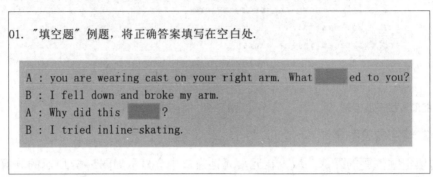

01. "填空题" 例题，将正确答案填写在空白处.

A : you are wearing cast on your right arm. What ▯▯▯ed to you?
B : I fell down and broke my arm.
A : Why did this ▯▯▯?
B : I tried inline-skating.

图5-69 填空题文本设置

如图5-70所示，选中文本区域，在文本属性窗口中会显示其属性，包括大小、样式、段落样式和合并文本。

5.Step5 填空题文本编辑属性

如图5-71所示，先点击填空题文本编辑对象，在文本编辑属性窗口中会显示其属性，包括大小、样式和段落样式。

图5-70 填空题文本属性

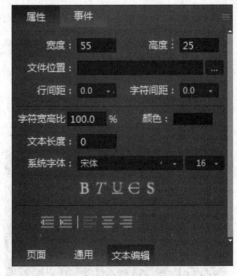

图5-71 填空题文本框属性

(二)判断题

判断题，即OX问题，是选择是否类型的问题。

1.Step1 打开判断题例题

如图5-72所示，点击OX问题工具的图标，会弹出如图5-73所示的判断题例题。

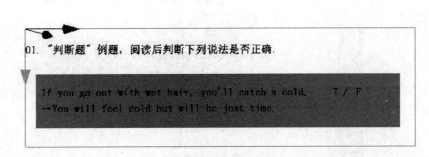

图5-72 垂直工具栏—OX问题   图5-73 判断题例题

2.Step2 判断题答案属性

先点击判断题例题的外部区域，在元素属性窗口中会显示如图5-74所示判断题分值和答案。所有信息填写完毕后，点击"完成"保存设置，就能退出判断题编辑界面。判断题答案属性，见表5-19。

表5-19 判断题答案属性

序号	属性名称	说明
1	得分	判断题的总分值，最大可以输入100
2	答案	选择是或否
3	完成	填写完毕后保存设置的提交按钮

图5-74 判断题答案属性

3.Step3 判断题问题区域属性

先点击判断题例题的灰底区域，在元素窗口中会显示其大小和颜色。

4.Step4 判断题文本属性

先双击文本区域，可以修改需要填入的内容。

选中文本区域，在文本属性窗口中会显示其属性，包括大小、样式、段落样式和合并文本。

(三)多选题

多选题，是多项选择类型的问题。

1.Step1 打开多选题例题

如图5-75所示，点击多选题工具的图标，会弹出如图5-76所示的多选题例题。

2.Step2 多选题答案属性

先点击多选题例题的外部区域，在元素属性窗口中会显示如图5-77所示多选题分值、选项数量和答案。所有信息填写完毕后，点击"完成"保存设置，就能退出多选题编辑界面。多选题答案属性，见表5-20。

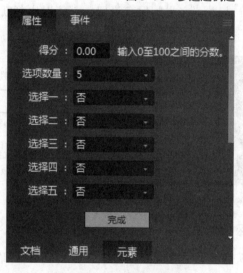

图5-75 垂直工具栏—多选题   图5-76 多选题例题

图5-77 多选题答案属性

表5-20 多选题答案属性

序号	属性名称	说明
1	得分	多选题的总分值，最大可以输入100
2	选项数量	选项的个数
3	选择一	是否为正确选项
4	选择二	是否为正确选项
5	选择三	是否为正确选项
6	选择四	是否为正确选项
7	选择五	是否为正确选项
8	完成	填写完毕后，保存设置的提交按钮

3.Step3 多选题区域属性

先点击多选题例题的灰底区域，在矩形属性窗口中会显示其大小和颜色。

4.Step4　多选题文本属性

先双击文本区域，可以修改需要填入的内容。

选中文本区域，在文本属性窗口中会显示其属性，包括大小、样式、段落样式和合并文本。

(四)连线题

连线题是连线类型的问题。

1.Step1　打开连线题例题

如图5-78所示，点击连线题工具的图标，会弹出如图5-79所示的连线题例题。

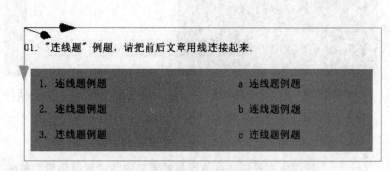

01."连线题"例题，请把前后文章用线连接起来.

1. 连线题例题	a 连线题例题
2. 连线题例题	b 连线题例题
3. 连线题例题	c 连线题例题

图5-78　垂直工具栏—连线题　　　　　　　图5-79　连线题例题

2.Step2　连线题答案属性

先点击连线题例题的外部区域，在元素属性窗口中会显示如图5-80所示连线题分值、选项数量和答案。所有信息填写完毕后，点击"完成"保存设置，就能退出连线题编辑界面。连线题答案属性，见表5-21。

表5-21　连线题答案属性

序号	属性名称	说明
1	得分	连线题的总分值，最大可以输入100
2	左侧数字	选项数量
3	右侧数字	选项数量
4	第一题	对应右侧答案选项
5	第二题	对应右侧答案选项
6	第三题	对应右侧答案选项
7	完成	填写完毕后保存设置的提交按钮

3.Step3　连线题问题区域属性

先点击连线题例题的白底区域，在矩形属性窗口中会显示其大小和样式。

4.Step4　连线题文本属性

先双击文本区域，可以修改需要填入的内容。

选中文本区域，在文本属性窗口中会显示其属性，包括大小、样式、段落样式和合并文本。

（五）简答题

主观式简答型的问题。

1.Step1 打开简答题例题

如图5-81所示，点击简答题工具的图标，会弹出如图5-82所示的简答题例题。

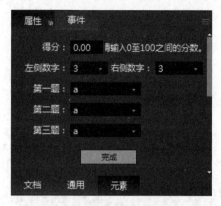

图5-80 连线题答案属性　　　　　　　　图5-81 垂直工具栏—简答题

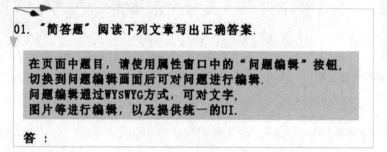

图5-82 简答题例题

2.Step2 简答题答案属性

先点击简答题例题的外部区域，在元素窗口中会显示如图5-83所示简答题分值、答案。所有信息填写完毕后，点击"完成"保存设置，就能退出简答题编辑界面。简答题答案属性，见表5-22。

表5-22 简答题答案属性

序号	属性名称	说明
1	得分	简答题的总分值，最大可以输入100
2	答案	关键词，用逗号进行分隔
3	完成	填写完毕后保存设置的提交按钮

3.Step3 简答题问题区域属性

先点击简答题例题的灰底区域，在矩形属性窗口中会显示其大小和颜色。

4.Step4 简答题文本属性

先双击文本区域，可以修改需要填入的内容。

选中文本区域，在文本属性窗口中会显示其属性，包括大小、样式、段落样式和合并文本。

5.Step5　简答题文本编辑属性

先点击简答题文本编辑对象，在文本编辑属性窗口中会显示其属性，包括大小、样式和段落样式。

(六)拍照题

通过上传图片来回答问题。

1.Step1　打开拍照题例题

如图5-84所示，点击拍照题工具的图标，会弹出如图5-85所示的拍照题例题。

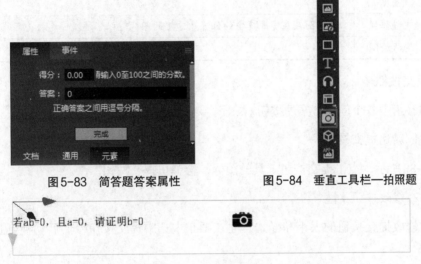

图5-83　简答题答案属性　　　　图5-84　垂直工具栏—拍照题

图5-85　拍照题例题

2.Step2　拍照题答案属性

先点击拍照题例题的外部区域，在元素属性窗口中会显示如图5-86所示拍照题分值。所有信息填写完毕后，点击"完成"保存设置，就能退出拍照题编辑界面。拍照答案属性，见表5-23。

表5-23　拍照题答案属性

序号	属性名称	说明
1	得分	简答题的总分值，最大可以输入100
2	完成	填写完毕后保存设置的提交按钮

3.Step3　拍照题文本属性

先双击文本区域，可以修改需要填入的内容。

选中文本区域，在文本属性窗口中会显示其属性，包括大小、样式、段落样式和合并文本。

4.Step4　拍照题图片编辑属性

先点击拍照题图片对象，在图片属性窗口中会显示如图5-87所示其属性，包括大小、文件位置和是否像素绘制。简答题图片属性，见表5-24。

图5-86 拍照题答案属性

图5-87 简答题图片属性

表5-24 简答题图片属性

序号	属性名称	说明
1	宽度	对象的宽度
2	高度	对象的高度
3	文件位置	显示图片在资源库中的位置。这里的图片可以不替换，直接使用模板图片
4	像素绘制	是否需要像素绘制图片

(七)提交按钮

提交问答组中各个问题答案的按钮。

1.Step1 新建提交按钮

如图5-88所示，点击提交按钮工具的图标，会弹出提交按钮。

2.Step2 修改按钮属性

如果要修改提交按钮的大小和样式，先在画布中选中提交按钮，然后切换到提交按钮属性窗口。

如图5-89所示，在该窗口中，在宽度和高度栏中直接填数值就可以修改提交按钮的大小了；点击█按钮，会弹出资源库，可以修改提交按钮样式。属性窗口的提交按钮属性，见表5-25。

图5-88 垂直工具栏—提交按钮工具

图5-89 属性窗口—提交按钮

表5-25 属性窗口—提交按钮属性

序号	属性名称	说明
1	宽度	对象的宽度
2	高度	对象的高度
3	默认图片	未按压对象时按钮显示的图片在资源库中的位置

序号	属性名称	说明
4	按压图片	按压对象时按钮显示的图片在资源库中的位置
5	问题群组	选择对应的问题节点

(八)重做按钮

再次解答问答组中问题的按钮。

1.Step1 新建重做按钮

如图5-90所示，点击重做按钮工具的图标，会弹出重做按钮。

2.Step2 修改按钮属性

如果要修改重做按钮的大小和样式，先在画布中选中重做按钮，然后切换到重做按钮属性窗口。

如图5-91所示，在该窗口中，在宽度和高度栏中直接填数值就可以修改重做按钮的大小了；点击 ██ 按钮，会弹出资源库，可以修改重做按钮样式。属性窗口的重做按钮属性，见表5-26。

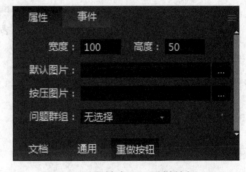

图5-90 垂直工具栏—重做按钮工具 　　　　图5-91 属性窗口—重做按钮

表5-26 属性窗口—重做按钮属性

序号	属性名称	说明
1	宽度	对象的宽度
2	高度	对象的高度
3	默认图片	未按压对象时按钮显示的图片在资源库中的位置
4	按压图片	按压对象时按钮显示的图片在资源库中的位置
5	问题群组	选择对应的问题节点

(九)问答组设置

将问题对象设置为群组的菜单。在此菜单下将问题对象设置为群组后，才可以使用"提交按钮""重做按钮"来解答问题。

1.Step1 新建问答组对象

如图5-92所示，在垂直工具栏中单击判断题工具、提交按钮工具和重做按钮工具的图标，会弹出判断题例题和两个按钮。

2.Step2 设置问题

先选中问题，如图 5-93 所示，在元素中修改得分和答案，并修改题目内容，设置完毕后点击"完成"保存。

图5-92 新建问答组对象

图5-93 设置多选题属性

3.Step3 打开问答组设置窗口

如图 5-94 所示，在主菜单上点击"编辑"→"问答组设置"，会弹出问答组设置菜单。

4.Step4 设置问答组

如图 5-95 所示，点击"新建"按钮 ⊕ 新建一个问题节点，并点击 按钮将问题添加到问题节点中。问答组设置菜单属性，见表5-27。

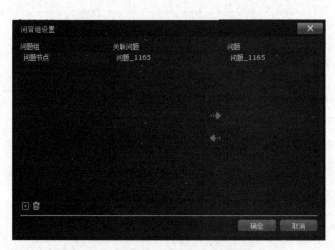

图5-94 打开问答组设置菜单   图5-95 问答组设置菜单

表5-27　问答组设置菜单属性

序号	属性名称	说明
1	问题组	问题列表 ![+]：新建问题节点 ![删除]：删除问题节点
2	关联问题	隶属于被选中问题节点的问题列表
3	问题	在内容中生成的问题列表

5.Step5　设置按钮属性

如图5-96所示，先选中提交按钮，在提交按钮属性窗口中点击"问题群组"的下拉窗口，选择"问题节点"。重做按钮做同样设置。

6.Step6　预览

如图5-97所示，完成后，点击快捷窗口中的预览按钮 ![▶]，可以查看效果。也可以点击Ctrl+Enter的快捷方式，全部预览。点击Ctrl+Shift+Enter的快捷方式，可从当前页开始预览。

图5-96　属性窗口—提交按钮

图5-97　预览

十二、全景图

选择六张上下左右前后的图片进行全景图合成，旋转图片，连接变换的场景或全景。

1.Step1　打开全景图

在垂直工具栏的图片工具图标上，点击鼠标右键，在弹出菜单中单击如图5-98所示的全景图工具图标。

单击垂直工具栏如图5-99所示的全景图工具图标，会弹出全景图显示框。

2.Step2　全景图属性

如图5-100所示，先点击全景图对象，在全景图属性窗口中会显示其大小和样式。属性窗口的全景图属性，见表5-28。

图5-98　垂直工具栏—全景图　　　　图5-99　垂直工具栏—全景图

表5-28　属性窗口—全景图属性

序号	属性名称	说明
1	宽度	对象的宽度
2	高度	对象的高度
3	前面	前方图片，显示的图片在资源库中的位置
4	左面	左侧图片，显示的图片在资源库中的位置
5	右面	右侧图片，显示的图片在资源库中的位置
6	上面	上方图片，显示的图片在资源库中的位置
7	下面	下方图片，显示的图片在资源库中的位置
8	后面	后方图片，显示的图片在资源库中的位置

十三、移动动画

移动动画是用XML修改工具修改SWF文件以后使用的对象。

1.Step1　打开移动动画

在垂直工具栏的序列动画工具图标上，点击鼠标右键，在弹出菜单中单击如图5-101所示的移动动画工具图标。

单击垂直工具栏如图5-102所示的移动动画工具图标，会弹出移动动画显示框。

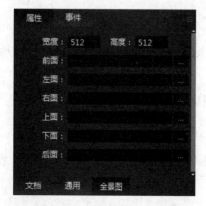 

图5-100　属性窗口—全景图　　　　图5-101　垂直工具栏—移动动画

2.Step2　移动动画属性

如图 5-103 所示，先点击移动动画对象，在移动动画属性窗口中会显示其大小和样式。属性窗口的移动动画属性，见表 5-29。

图 5-102　垂直工具栏—移动动画　　　　图 5-103　属性窗口—移动动画

表 5-29　属性窗口—移动动画属性

序号	属性名称	说明
1	宽度	对象的宽度
2	高度	对象的高度
3	XML数据	被修改的XML文件，显示的图片在资源库中的位置
4	载入速度（千字节/秒）	动画加载速度
5	重复	是否重复播放

十四、360° 旋转

可以导入被拍到的事物的图片并使之进行 360°旋转的对象。

1.Step1　打开 360° 旋转

在垂直工具栏的序列动画工具图标上，点击鼠标右键，在弹出菜单中单击如图 5-104 所示的 360° 旋转工具图标。

单击垂直工具栏如图 5-105 所示的 360° 旋转工具图标，会弹出图片文件菜单。

图 5-104　垂直工具栏—360° 旋转　　　　图 5-105　垂直工具栏—360° 旋转

2.Step2 添加和删除图片文件

如图5-106所示，在图片文件菜单中，点击"添加"按钮，会弹出资源库菜单。

在资源库菜单中选择合适的图片作为360°旋转时展示的图片。图片选择无误后，点击"确定"保存设置。图片文件可以单张选择后点击"打开"添加图片，也可以按住Shift键选择多张图片后，点击"打开"添加图片。

如图5-107所示，若要删除图片，先选中要删除的图片文件，之后点击"删除"按钮就能删除图片。

图5-106　添加图片文件

图5-107　删除图片文件

3.Step3 修改360° 旋转属性

如果要修改360°旋转的大小和样式，先选中该对象，然后切换到元素窗口。

如图5-108所示，在360°旋转属性窗口中，在宽度和高度栏中直接填数值就可以修改其大小了。属性窗口的360°旋转属性，见表5-30。

表5-30　属性窗口—360° 旋转属性

序号	属性名称	说明
1	宽度	对象的宽度
2	高度	对象的高度
3	资源	360°旋转时展示的图片，点击"设置"进入图片文件菜单
4	周期	播放360°旋转的速度

十五、边界框

设置3D对象的矩形边界框。

1.Step1 新建边界框

如图5-109所示，在垂直工具栏中单击边界框工具的图标，会弹出边界框。

图5-108　属性窗口—360°旋转

图5-109　垂直工具栏—边界框

十六、镜头

镜头是可以改变画面角度的对象。

1.Step1　新建镜头

在垂直工具栏的边界框工具图标上，点击鼠标右键，在弹出菜单中单击如图5-110所示的镜头工具图标。

单击垂直工具栏如图5-111所示的镜头工具图标，会弹出镜头。

图5-110　垂直工具栏—镜头

图5-111　垂直工具栏—镜头

2.Step2　修改镜头属性

如果要修改镜头的样式，先在画布中选中镜头，然后将界面切换到镜头属性窗口。如图5-112所示，在该窗口中，直接填数值就可以修改了。属性窗口的镜头属性，见表5-31。

图5-112　属性窗口—镜头

表5-31　属性窗口—镜头属性

序号	属性名称	说明
1	视觉角度Y	视野值
2	近平面	最小距离
3	远平面	最大距离

十七、灯光

灯光是照明对象，可以设置一个页面上的光源亮度。

1.Step1 新建灯光

在垂直工具栏的边界框工具图标上，点击鼠标右键，在弹出菜单中单击如图5-113所示的灯光工具图标。

单击垂直工具栏如图5-114所示的灯光工具图标，会弹出灯光。

图5-113　垂直工具栏—灯光

图5-114　垂直工具栏—灯光

2.Step2 修改灯光属性

如果要修改灯光的样式，先在画布中选中灯光，然后将界面切换到灯光属性窗口。如图5-115所示，在该窗口中，直接填数值就可以修改了。属性窗口的灯光属性，见表5-32。

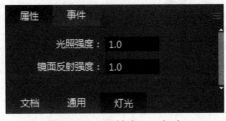

图5-115　属性窗口—灯光

表5-32　属性窗口—灯光属性

序号	属性名称	说明
1	光照强度	灯光的强度
2	镜面反射强度	基本灯光的反映/反射强度

十八、地图

地图是导入STM格式的地图模型。STM格式的文件转换过程为可以由3Dmax制作的文件保存为obj格式文件，然后通过Maya软件将obj格式转换为stm格式的文件导入软件。

1.Step1 新建地图

在垂直工具栏的边界框工具图标上，点击鼠标右键，在弹出菜单中单击如图5-116所示的地图工具图标。

单击垂直工具栏如图5-117所示的地图工具图标，会弹出资源库菜单。

图5-116 垂直工具栏—地图　　　　图5-117 垂直工具栏—地图

2.Step2 修改地图属性

如果要修改地图的样式，先在画布中选中地图，然后将界面切换到地图属性窗口。如图5-118所示，在该窗口中，点击按钮，会弹出资源库菜单，可以进行选择。属性窗口的地图属性，见表5-33。

图5-118 属性窗口—地图

表5-33 属性窗口—地图属性

序号	属性名称	说明
1	网格	地图文件的名称
2	网格路径	地图文件的路位置路径

十九、APP图像

APP对象有别于普通的对齐对象顺序，是与最顶端对齐的对象。

1.Step1 新建APP图像

如图5-119所示，在垂直工具栏中单击APP图像工具的图标，会弹出资源库菜单。从资源库中选择选择合适的图片，图片选择无误后，点击"设置文件"导入资源。

2.Step2 修改APP图像属性

如果要修改APP图像的样式，先在画布中选中APP图像，然后将界面切换到APP图像属性窗口。如图5-120所示，在该窗口中，直接填数值就可以修改了。属性窗口的APP图像属性，见表5-34。

图5-119 垂直工具栏—APP图像　　　图5-120 属性窗口—APP图像

表5-34　属性窗口—APP图像属性

序号	属性名称	说明
1	宽度	对象的宽度
2	高度	对象的高度
3	文件位置	显示图片在资源库中的位置

图5-121　APP对象列表

3.Step3　查看APP图像列表

如图5-121所示，在APP对象列表中就能看到导入的APP图像。与普通图片对象相比，APP图像只能调整透明度、可见性、宽高度和文件位置。APP图像比图片、视频等普通对象更加和顶部对齐。

课堂总结

学习了各种对象的新建和编辑方法后，就可以运用这些对象，设计一本内容完整的DreamBook电子书了。

练习与答案

练习

1. 习题类型有哪几种？

2. 文本编辑主要用于哪里？

3. 全景图由几张图组成，分别是哪些方位？

4. 子页面有哪些展示模式？

5. 图片切换的标签显示位置可以有哪些？

答案

1. 填空题、判断题、多选题、连线题、简答题和拍照题。

2. 主要用于填空题、简答题时输入答案的区域。

3. 六张，分为上下、左右和前后。

4. 有固定、滚动和拖拽三种模式。

5. 有左部、顶部、右部和底部四种位置。

第三节　音视频处理

小节提要

本节主要学习 DreamBook Author 的音视频的编辑方法和技巧，以及音视频文件快捷剪辑工具的使用方法。学会了这些知识，就能顺利地在 DreamBook 电子书中添加音视频文件了。

一、音频

音频是指音频文件对象。

1.Step1　新建音频对象

如图 5-122 所示，在垂直工具栏中单击音频工具的图标，新建一个音频对象。

2.Step2　编辑音频属性

如图 5-123 所示，先点击音频对象，在音频属性窗口中会显示其属性。点击▇▇按钮在资源库中选择音频文件所在位置，并选择是否重复播放。

图5-122　垂直工具栏—音频

图5-123　属性窗口—音频

二、视频

视频包含视频文件和 URL 对象。

1.Step1　新建视频对象

在垂直工具栏的音频工具图标上，点击鼠标右键，在弹出菜单中单击如图 5-124 所示的视频工具图标。

如图 5-125 所示，在垂直工具栏中单击视频工具的图标，新建一个视频对象。

图5-124　垂直工具栏—视频

图5-125　垂直工具栏—视频

2.Step2　编辑视频属性

如图5-126所示，先点击视频对象，在视频属性窗口中会显示其属性，包括大小和类型。属性窗口的视频属性说明，见表5-35。

表5-35　属性窗口—视频属性

序号	属性名称	说明
1	宽度	对象的宽度
2	高度	对象的高度
3	类型	分为文件和URL两种，文件指的是一般的视频文件，URL是网页视频文件。本地的视频文件格式必须是mp4。 （1）视频文件，如图5-126所示 ①文件位置：点击 ■ 按钮在资源库菜单中选择视频文件； ②回放：默认播放时窗口大小，分为区域或全屏两种模式； ③显示控制条：是否显示控制条 （2）URL文件，如图5-127所示 ①默认地址：若没有OS URL，则用当前URL进行播放视频； ②PC地址：若视频播放OS是PC系统，则以当前URL进行播放； ③安卓地址：若视频播放OS是安卓系统，则以当前URL进行播放； ④IOS地址：若视频播放OS是iOS系统，则以当前URL进行播放； ⑤回放：默认播放时窗口大小，分为区域或全屏两种模式

图5-126　属性窗口—视频

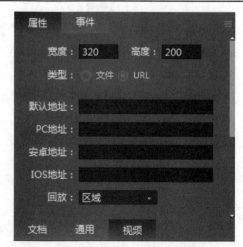

图5-127　URL文件属性

三、录音

录音是指录制音频的功能。

1.Step1 新建录音对象

在垂直工具栏的音频工具图标上，点击鼠标右键，在弹出菜单中单击如图5-128所示的录音工具图标。

如图5-129所示，在垂直工具栏中单击录音工具的图标，新建一个录音对象。

图5-128　垂直工具栏—录音　　　　　图5-129　垂直工具栏—录音

2.Step2 编辑录音属性

如图5-130所示，先点击视频对象，在录音属性窗口中会显示其属性，设置是否重复。

图5-130　属性窗口—录音

四、音视频剪辑快捷工具基础知识

音视频剪辑的工具有很多，操作简单方便的也有不少，本书以格式工厂为例进行讲解。由于音频文件和视频文件的处理方式基本相同，本书以音频文件为例进行分步说明。

(一)音频格式转换

音频格式转换，就是把音频文件的格式转换为另一指定格式的操作。

1.Step1 安装格式工厂软件

根据软件上的安装提示，在电脑中安装格式工厂软件。

2.Step2 音频格式转换

如图5-131所示，在左侧的分类中选择"音频"，然后点第一个选项"所有转到MP3"。

图5-131 选择功能

3.Step3 添加音频

如图5-132所示，点击"添加文件"按钮，在弹出的浏览窗口选择音频文件。

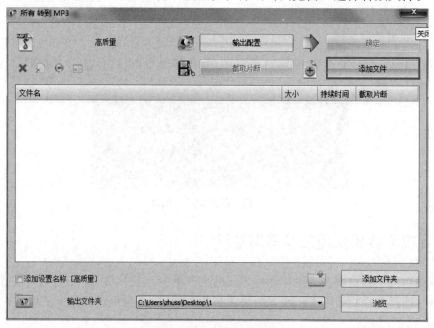

图5-132 添加音频文件

4.Step4 截取音频

如图5-133所示，选择音频文件，点击"截取片段"按钮。

5.Step5 输入截取时间

如图5-134所示，选择截取音频的开始时间和结束时间。确认无误后，点击"确定"按钮保存设置。可以在播放过程中点击"开始时间"或"结束时间"按钮选择，也可以直接输入具体时间。

图 5-133 截取音频

图 5-134 截取音频起止时间

6.Step6 输出属性编辑

如图 5-135 所示，选择输出音频的质量要求和输出地址。确认无误后，点击"确定"按钮保存设置。

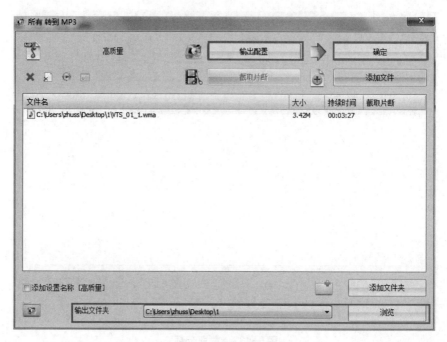

图5-135　输出属性编辑

7.Step7　转换音频文件

如图5-136所示，选中要输出的文件，点击"开始"按钮开始转换。

图5-136　选择编辑后的音频文件

如图5-137所示，转换状态显示"完成"，则操作成功，可以在输出地址中查找转换后的音频文件。

图5-137 完成转换的文件状态

(二)音频合并

音频合并,顾名思义,就是把两个或两个以上的音频文件进行合并处理。

1.Step1 音频合并

如图5-138所示,在左侧的分类中选择"高级",然后点音频合并。

图5-138 选择功能

2.Step2 添加音频

如图5-139所示,点击"添加文件"按钮,在弹出的浏览窗口选择音频文件。

图5-139　添加音频文件

3.Step3　截取音频

如图5-140所示，选择音频文件，点击"截取片段"按钮。

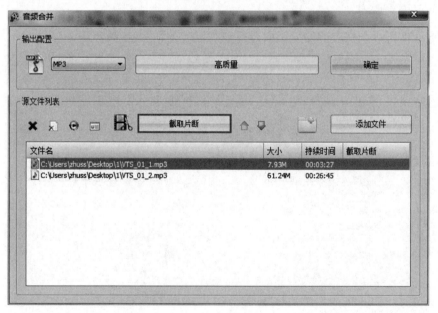

图5-140　截取音频

4.Step4　输入截取时间

如图5-141所示，选择截取音频的开始时间和结束时间。确认无误后，点击"确定"按钮保存设置。可以在播放过程中，点击"开始时间"或"结束时间"按钮选择，也可以直接输入具体时间。

图5-141 截取音频起止时间

5.Step5 输出属性编辑

如图5-142所示，选择输出音频的格式和质量要求。确认无误后，点击"确定"按钮保存设置。

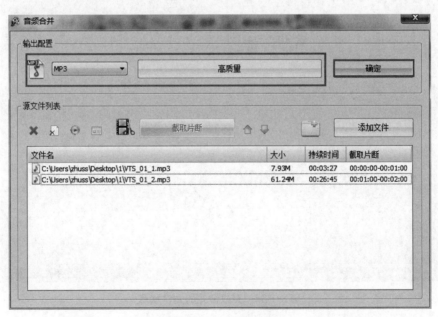

图5-142 输出属性编辑

6.Step6 合并音频文件

如图5-143所示，选中要输出的文件，点击"开始"按钮开始合并。

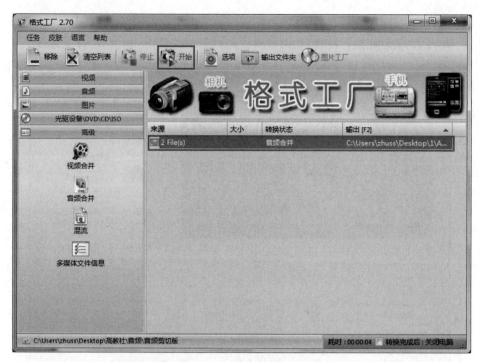

图5-143　选择编辑后的音频文件

　　如图5-144所示，转换状态显示"完成"，则操作成功，可以在输出地址中查找合并后的音频文件。

图5-144　完成合并的文件状态

课堂总结

　　学习了音视频的新建和编辑方法，以及简单的剪辑方法后，可以在DreamBook超媒体电子书中展现音视频功能了。

练习与答案

练习

1. 音频文件指定格式是什么？

2. 视频分为几种类型，分别是什么？

3. 视频文件指定格式是什么？

答案

1. MP3。

2. 视频分为两种类型，分别是文件和URL。

3. MP4。

第四节　动画制作

小节提要

本节主要学习DreamBook Author的动画制作的基本编辑方法和技巧。学会了这些就能顺利地在DreamBook电子书中添加动画交互了。

一、动画基本介绍

如图5-145所示，动画的制作主要是在动画窗口内进行，可进行添加及删除动画、是否循环播放、添加及删除动画属性、播放及停止动画、设置及删除关键帧、插值动画设置。

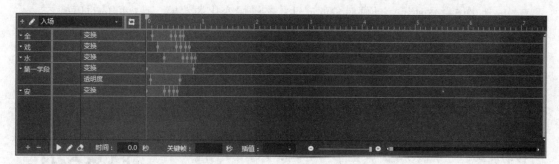

图5-145　动画窗口

1. 时间轴

如图5-146所示，时间轴是展示动画关键帧的时间节点。

2.关键帧

关键帧记录的是动画对象在某个时间节点时的属性状态。

如图5-147所示，为动画对象设置好状态后，在时间文本框内输入时间节点（秒）。调整好属性值后，点击设置关键帧按钮 ，添加该关键帧。如果要取消关键帧，先选中该关键帧，然后点击删除关键帧按钮 。

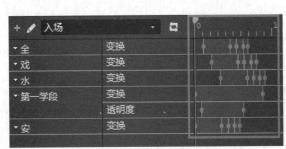

图5-146　时间轴

图5-147　关键帧

3.插值动画

插值动画是为动画对象选择一个动画变化快慢效果。插值动画有四种效果，分别为线性、顺序、淡入和淡出。

线性：动画对象的属性状态匀速变化的效果，有中间的过度帧。

图5-148　插值动画

顺序：动画对象的属性状态直接改变的效果，没有中间的过度帧。

淡入：动画对象的属性状态渐快变化的效果，有中间的过度帧。

淡出：如图5-148所示，动画对象的属性状态渐慢变化的效果，有中间的过度帧。

二、移动动画制作

移动动画，是指使动画对象的移动坐标发生改变的动画效果。可打开追梦布客APP，点击其扫一扫按钮，扫描如图5-149所示二维码查看案例31的动态效果。

图5-149　案例31二维码

1.Step1 选择动画对象

如图5-150所示，在"页面"中选择图片对象"image006"。

2.Step2 修改坐标

如图5-151所示，在通用属性窗口中，将"image006"的移动坐标位置改为（787，210，0）。

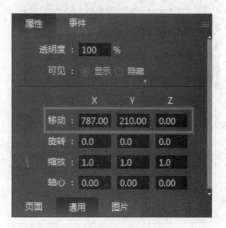

图5-150 选择图片对象　　　　　图5-151 设置图片位置

3.Step3 新建动画

如图5-152所示，在动画窗口点击新建动画按钮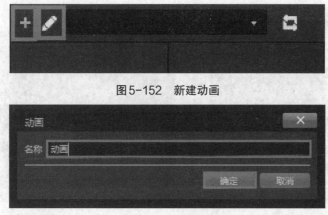，弹出动画命名菜单。如图5-153所示，在弹出的菜单中输入动画的命名。确认无误后，点击"确定"按钮保存设置。

图5-152 新建动画

图5-153 动画命名菜单

也可以点击如图5-153所示的编辑动画列表按钮，弹出如图5-154所示的动画列表菜单。点击新建动画按钮，弹出动画命名菜单进行新建。选中动画对象，点击删除按钮，就能删除动画。双击动画对象，可以修改命名。

4.Step4 新建动画属性

如图5-155所示，选中生成的动画，然后点击动画属性生成按钮。

图5-154 动画列表菜单

图5-155 生成动画属性

5.Step5 新建关键帧1

如图5-156所示，在被激活的窗口中，选中"变换"属性一栏。在时间框中输入0秒，点击设置关键帧按钮，生成关键帧。

6.Step6 新建关键帧2

如图5-157所示，拖动播放磁头到1秒的位置上，也可以直接在时间输入框内输入准确的节点（秒）。

如图5-158所示，在通用属性窗口中，将画布中图片对象的移动坐标位置改为（38，210，0）。

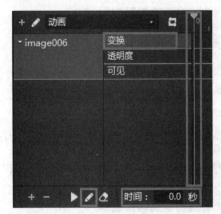

图5-156 关键帧生成

图5-157 功能移动播放磁头位置界面

如图5-159所示，点击设置关键帧按钮，生成关键帧2。

图5-158 改变图片对象位置

图5-159 生成关键帧2

7.Step7 移动播放磁头位置

如图5-160所示，将播放磁头位置移动到0秒上。

8.Step8 新建页面启动事件

如图5-161所示，先点击画布中无对象区域，然后在事件窗口中点击新建按钮██。

图5-160 移动播放磁头位置

图5-161 事件窗口

如图5-162所示，在弹出的事件菜单里，点击"页面启动"事件，再点击"确定"按钮。

9.Step9 新建播放动画动作

如图5-163所示，点击"页面启动"事件，鼠标右键弹出窗口中点击"新建动作"，打开动作菜单。

如图5-164所示，在动作菜单中的"动作目标"中选择无目标，"支持动作"中选择播放动画。"属性"目标选择"动画"后，点击"确定"按钮。

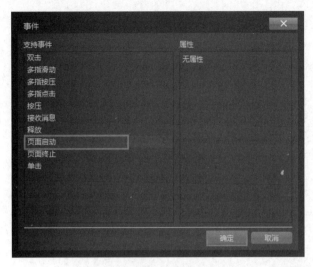

图 5-162　事件菜单

图 5-163　新建动作

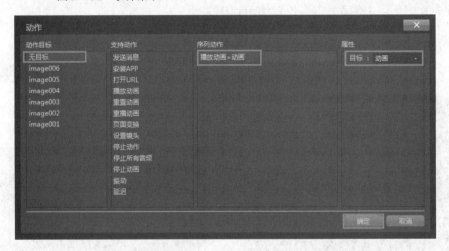

图 5-164　添加播放动画动作

10.Step10　预览

如图 5-165 所示，进行预览时，可以看到页面开始时添加的动画会进行播放。

三、缩放动画制作

缩放动画是指使动画对象的面积大小发生改变的动画效果。可打开追梦布客 APP，点击其扫一扫按钮，扫描如图 5-166 所示二维码查看案例 31 的动态效果。

1.Step1　选择动画对象

如图 5-167 所示，在"页面1"中选择图片对象"im-age003"。

图 5-165　完成移动动画

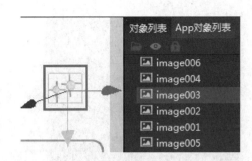

图5-166　案例31二维码　　　　　　　图5-167　选择对象画面

2.Step2　新建动画

如图5-168所示，在动画窗口点击新建动画按钮￼，弹出动画命名菜单。在弹出的菜单中输入动画的命名。确认无误后，点击"确定"按钮保存设置。

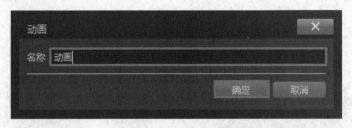

图5-168　新建动画

3.Step3　新建动画属性

如图5-169所示，选中生成的动画，然后点击动画属性生成按钮￼。

如图5-170所示，在被激活的窗口中，选中"变换"属性一栏。

图5-169　生成属性画面　　　　　　图5-170　动画属性窗口画面

4.Step4　设置关键帧

如图5-171所示，在通用属性窗口中，将图片对象"image003"的轴心坐标改为（32.5，29，0）。

如图5-172所示，将播放磁头移放到"0"秒的位置，然后点击设置关键帧按钮￼，生成关键帧。或者在时间输入框内输入0，然后按回车键。

图5-171　改变对象中心点的画面

图5-172　生成关键帧画面

5.Step5　新建关键帧2

如图5-173所示，在时间输入框中输入0.2，然后按回车键。

如图5-174所示，在通用属性窗口中，将对象缩放坐标改为（0.5，0.5，1）。

图5-173　改变播放磁头位置

图5-174　改变对象大小

如图5-175所示，点击设置关键帧按钮，生成关键帧。

6.Step6　新建关键帧3

如图5-176所示，在时间输入框中输入0.4秒，然后按回车键移动播放磁头的位置。

如图5-177所示，在通用属性中，将对象缩放坐标改为（1，1，1）。

如图5-178所示，点击设置关键帧按钮，生成关键帧。

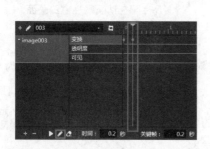

图5-175　生成关键帧

图5-176　移动播放磁头位置

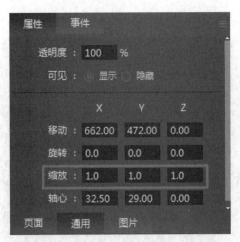

图5-177 改变对象大小

图5-178 生成关键帧

7.Step7 新建关键帧四

如图5-179所示，在时间输入框中输入1秒，按回车键。

如图5-180所示，点击设置关键帧按钮，生成关键帧。

图5-179 移动播放磁头位置

图5-180 生成关键帧

8.Step8 移动播放磁头位置

如图5-181所示，将播放磁头移动到0秒的位置。

9.Step9 设置动画循环

如图5-182所示，点击激活动画循环的按钮。

图5-181 移动播放磁头位置

图5-182 设置动画循环

10.Step10 新建页面启动事件

如图5-183所示，先点击画布中无对象区域，然后在事件窗口中点击新建按钮。

如图5-184所示，在弹出的事件菜单里，点击"页面启动"事件，再点击"确定"按钮。

图5-183　事件窗口

图5-184　事件菜单

11.Step11　新建播放动画动作

如图5-185所示，点击"页面启动"事件，鼠标右键弹出菜单中点击"新建动作"，打开动作菜单。

如图5-186所示，在动作菜单中，在"动作目标"中选择无目标，"支持动作"中选择播放动画，"属性"目标选择"动画"后，点击"确定"按钮。

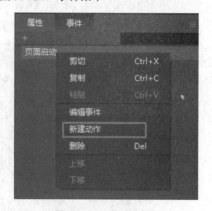

图5-185　新建动作

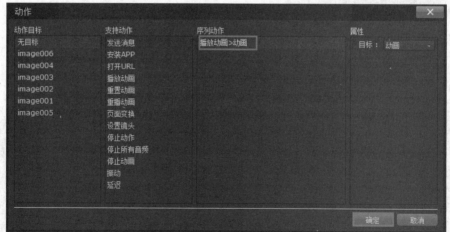

图5-186　添加播放动画动作

12.Step12　预览

如图5-187所示，运行PC播放器后，纵向移动画面，可以看到页面启动中添加的动画会进行播放。

四、旋转动画制作

旋转动画，是指使动画对象的角度坐标发生改变的动画效果。可打开追梦布客APP，点击其扫一扫按钮，扫描如图5-188所示二维码查看案例31的动态效果。

图5-187　大小缩放动画制作完成　　　　　图5-188　案例31二维码

1.Step1　选择动画对象

如图5-189所示，在"页面2"中选择图片对象"image009"。

图5-189　选择图片对象

2.Step2　修改轴心参数

如图5-190所示，在通用属性窗口中，将图片对象"image009"的轴心坐标改为（131，120，0）。

图5-190 修改图片对象中心点

3.Step3 新建动画

如图5-191所示，在动画窗口点击新建动画按钮 ➕，弹出动画命名菜单。在弹出的菜单中输入动画的命名。确认无误后，点击"确定"按钮保存设置。

图5-191 生成动画

4.Step4 新建动画属性

如图5-192所示，选中生成的动画，然后点击动画属性生成按钮 ➕。

如图5-193所示，在被激活的窗口中，选中"变换"属性一栏。

图5-192 生成动画属性按钮

图5-193 动画属性对话窗

5.Step5 设置关键帧

如图5-194所示，将播放磁头移动到0秒的位置，然后点击设置关键帧按钮 ✏️，生成关键帧。

6.Step6 设置关键帧2

如图5-195所示，在时间输入框中输入1秒，然后按回车键。

图5-194 生成关键帧

图5-195 移动播放磁头

如图5-196所示，在通用属性中，将图片对象旋转Y轴的值改为360。

如图5-197所示，点击设置关键帧按钮 ，生成关键帧。

图5-196 修改对象旋转值

图5-197 生成关键帧

7.Step7 设置插值动画

如图5-198所示，鼠标点击生成的关键帧，以选中关键帧。

如图5-199所示，在关键帧属性中，将插值动画选项改为"淡出"。

图5-198 选中关键帧

图5-199 改变插入动画属性

8.Step8 移动播放磁头位置

如图5-200所示，将播放磁头移动到0秒的位置。

9.Step9 新建页面启动事件

如图5-201所示，先点击画布中无对象区域，然后在事件窗口中点击新建按钮 ➕。

如图5-202所示，在弹出的事件菜单里，点击"页面启动"事件，再点击"确定"按钮。

图5-200 移动播放磁头 　　　　　图5-201 事件窗口

10.Step10 新建播放动画动作

如图5-203所示，点击"页面启动"事件，鼠标右键弹出菜单中点击"新建动作"，打开动作菜单。

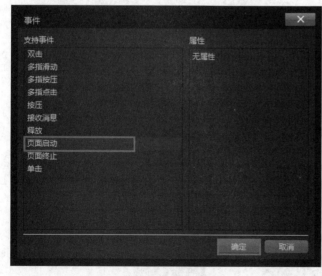

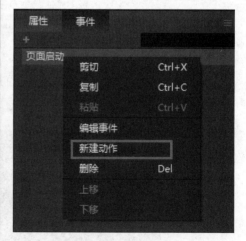

图5-202 事件菜单 　　　　　图5-203 新建动作

如图5-204所示，在动作菜单中，在"动作目标"中选择无目标，"支持动作"中选择播放动画，"属性"目标选择"动画"后，点击"确定"按钮。

11.Step11 预览

如图5-205所示，运行PC播放器后，横向移动页面，可以看到页面启动中添加的动画会进行播放。

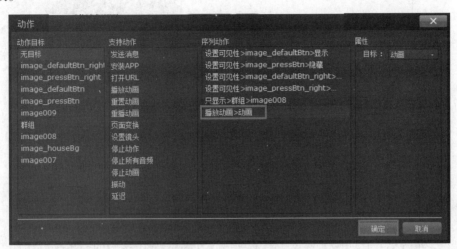

图5-204 添加动画播放动作

五、透明度动画制作

透明度动画是指使动画对象的透明度发生改变的动画效果。可打开追梦布客APP，点击其扫一扫按钮，扫描如图5-206所示的二维码查看案例31的动态效果。

图5-205 旋转动画制作完成

图5-206 案例31二维码

1.Step1 选择动画对象

如图5-207所示，在"页面1"中选择图片对象"image005"。

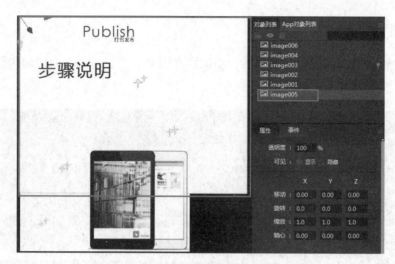

图5-207　选择图片对象

2.Step2　新建动画

如图5-208所示，在动画窗口点击新建动画按钮 ，弹出动画命名菜单。在弹出的菜单中输入动画的命名。确认无误后，点击"确定"按钮保存设置。

图5-208　生成动画

4.Step4　新建动画属性

如图5-209所示，选中生成的动画，然后点击动画属性生成按钮 。

如图5-210所示，在被激活的窗口中，选中"透明度"属性一栏。

图5-209　生成动画属性按钮　　　　　　图5-210　动画属性窗口

5.Step5　设置关键帧

如图5-211所示，将播放磁头移动到0秒的位置。

如图 5-212 所示，在通用属性窗口中，将图片对象透明度的值改为 0%。

图 5-211　生成关键帧

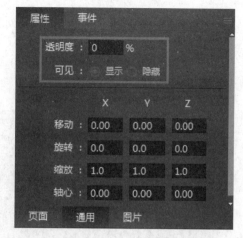

图 5-212　修改对象透明度值

如图 5-213 所示，点击设置关键帧按钮 ，生成关键帧。

6.Step6　设置关键帧2

如图 5-214 所示，在时间输入框中输入 1 秒，然后按回车键。

图 5-213　生成关键帧

图 5-214　移动播放磁头

如图 5-215 所示，在通用属性窗口中，将图片对象透明度的值改为 100%。

如图 5-216 所示，点击设置关键帧按钮 ，生成关键帧。

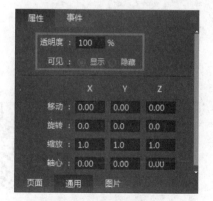

图 5-215　修改对象透明度值

图 5-216　生成关键帧

8.Step8　移动播放磁头位置

如图 5-217 所示，将播放磁头移动到 0 秒的位置。

9.Step9　新建播放动画动作

如图5-218所示，点击"页面启动"事件，鼠标右键弹出菜单中点击"新建动作"，打开动作菜单。

图5-217　移动播放磁头

图5-218　新建动作

如图5-219所示，在动作菜单中，在"动作目标"中选择无目标，"支持动作"中选择播放动画，"属性"目标选择"动画"后，点击"确定"按钮。

图5-219　添加动画播放动作

10.Step10　预览

运行PC播放器后，纵向移动页面，可以看到页面启动中添加的动画会进行播放。

六、可见性动画制作

可见性动画是指使动画对象的可见性发生改变的动画效果。可打开追梦布客APP，点击其扫一扫按钮，扫描如图5-220所示二维码查看案例31的动态效果。

1.Step1　选择动画对象

如图5-221所示，在"页面"中选择图片对象"image006"。

图5-220　案例31二维码

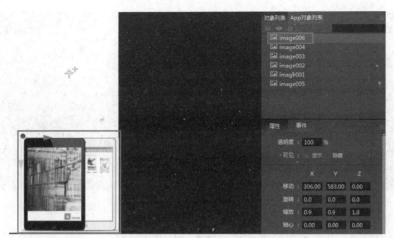

图5-221　选择图片对象

2.Step2　新建动画

如图5-222所示，在动画窗口点击新建动画按钮➕，弹出动画命名菜单。在弹出的菜单中输入动画的命名。确认无误后，点击"确定"按钮保存设置。

图5-222　生成动画

4.Step4　新建动画属性

如图5-223所示，选中生成的动画，然后点击动画属性生成按钮➕。

如图5-224所示，在被激活的窗口中，选中"可见"属性一栏。

图5-223　生成动画属性按钮　　　　　　图5-224　动画属性窗口

5.Step5　设置关键帧

如图5-225所示，将播放磁头移动到0秒的位置。

如图5-226所示，在一般窗口中，将图片对象可见性改为隐藏。

图5-225　生成关键帧

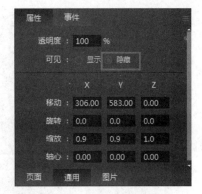

图5-226　修改对象透明度值

如图5-227所示，点击设置关键帧按钮，生成关键帧。

6.Step6　设置关键帧2

如图5-228所示，在时间输入框中输入1秒，然后按回车键。

图5-227　生成关键帧

图5-228　移动播放磁头

如图5-229所示，在通用属性窗口中，将图片对象可见性改为显示。

如图5-230所示，点击设置关键帧按钮，生成关键帧。

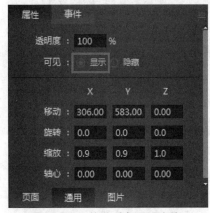

图5-229　修改对象透明度值

图5-230　生成关键帧

8.Step8　移动播放磁头位置

如图5-231所示，将播放磁头移动到0秒的位置。

9.Step9　新建播放动画动作

如图 5-232 所示，点击"页面启动"事件，鼠标右键弹出菜单中点击"新建动作"，打开动作菜单。

图 5-231　移动播放磁头

图 5-232　新建动作

如图 5-233 所示，在动作菜单中，在"动作目标"中选择无目标，"支持动作"中选择播放动画，"属性"目标选择"动画"后，点击"确定"按钮。

图 5-233　添加动画播放动作

10.Step10　预览

运行 PC 播放器后，纵向移动页面，可以看到页面启动中添加的动画会进行播放。

课堂总结

学习了动画制作的新建和编辑方法后，就可以在 DreamBook 超媒体电子书中展现动画效果，增加画面的层次感和趣味性了。

练习与答案

练习

1. 动画分为几种类型，分别是什么？
2. 移动动画修改的是什么属性？
3. 缩放动画修改的是什么属性？
4. 透明度动画修改的是什么属性？

答案

1. 音频分为三种种类型，分别是变换、透明度、可见。

2. 对象的通用属性中的移动坐标。

3. 对象的通用属性中的缩放坐标。

4. 对象的通用属性中的透明度参数。

第五节　事件动作功能

小节提要

本节主要学习 DreamBook Author 的事件动作功能的使用方法和技巧，为对象设置事件触发命令后，就能使原本静态的电子书出现动态的交互效果了。

一、页面事件

页面事件功能是通过指定的操作命令来触发页面的事件。

1.Step1　新建事件

如图 5-234 所示，先点击画布中无对象区域，在事件窗口中点击新建按钮▇，会弹出事件菜单。

2.Step2　编辑事件

如图 5-235 所示，在"支持事件"栏中选择操作命令，在其对应的属性中填写具体信息。确认无误后，点击"确定"按钮保存设置。页面事件菜单属性，见表5-36。

图5-234　事件窗口

图5-235　事件菜单

表5-36　页面事件菜单属性

序号	属性名称	说明
1	双击	双击无对象的区域时的事件
2	多指滑动	多指滑动无对象的区域时的事件
3	多指按压	多指按压无对象的区域时的事件
4	多指点击	多指点击无对象的区域时的事件
5	按压	按压无对象的区域时的事件
6	接收信息	用户接收到输入的信息时的事件，对应动作的发送消息。如图5-236所示，在"消息"文本框中输入要接收的信息
7	释放	按压无对象区域后再松开时的事件
8	页面启动	页面加载完成的时候的事件
9	页面终止	页面被翻过去的时候的事件
10	单击	点击无事件区域时的事件

二、图片切换事件

图片切换事件功能，是通过指定的操作命令来触发图片切换的事件。

1.Step1　新建图片切换对象

单击垂直工具栏如图5-237所示的图片切换工具图标，新建一个图片切换对象。

2.Step2　新建事件

如图5-238所示，选中图片切换对象，在事件窗口中点击新建按钮 ，会弹出事件菜单。

图5-236　事件菜单—接收信息

图5-237　垂直工具栏—图片切换　　　　图5-238　事件窗口

3.Step3 编辑事件

如图5-239所示，在"支持事件"栏中选择操作命令，在其对应的属性中填写具体信息。确认无误后，点击"确定"按钮保存设置。图片切换事件菜单属性，见表5-37。

表5-37 图片切换事件菜单属性

序号	属性名称	说明
1	双击	双击当前对象区域时的事件
2	按压	按压当前对象区域时的事件
3	释放	按压当前对象区域后再松开时的事件
4	页面转换	切换至用户输入的图片编号时的事件；如图5-240所示，索引是要接收事件的图片默认编号，起始编号为"0"
5	单击	点击当前对象区域时的事件

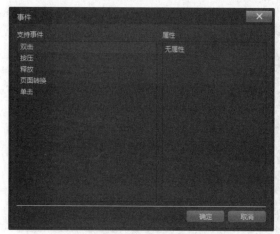

图5-239 事件菜单

图5-240 事件菜单—页面转换

三、页面切换事件

页面切换事件功能是通过指定的操作命令来触发页面切换的事件。

1.Step1 新建页面切换对象

单击垂直工具栏如图5-241所示的页面切换工具图标，新建一个页面切换对象。

2.Step2 新建事件

如图5-242所示，选中页面切换对象，在事件窗口中点击新建按钮 ，会弹出事件菜单。

图 5-241　垂直工具栏—页面切换　　　　**图 5-242　事件窗口**

3.Step3　编辑事件

如图 5-243 所示，在"支持事件"栏中选择操作命令，在其对应的属性中填写具体信息。确认无误后，点击"确定"按钮保存设置。页面切换事件菜单属性，见表 5-38。

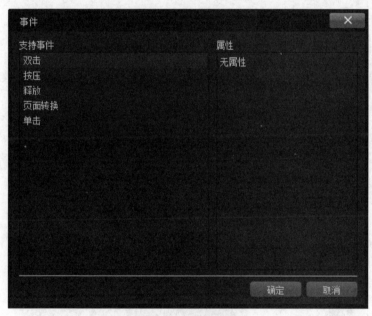

图 5-243　事件菜单

表 5-38　页面切换事件菜单属性

序号	属性名称	说明
1	双击	双击当前对象区域时的事件
2	按压	按压当前对象区域时的事件
3	释放	按压当前对象区域后再松开时的事件
4	页面转换	切换至用户输入的页面编号时的事件；如图 5-244 所示，索引是要接收事件的页面默认编号，起始编号为"0"
5	单击	点击当前对象区域时的事件

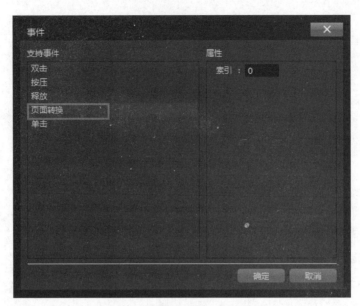

图5-244　事件菜单—页面转换

四、音频事件

音频事件功能是通过指定的操作命令来触发音频的事件。录音事件功能与音频事件功能相同。

1.Step1　新建音频对象

如图5-245所示，在垂直工具栏中单击音频工具的图标，新建一个音频对象。

2.Step2　新建事件

如图5-246所示，选中音频对象，在事件窗口中点击新建按钮，会弹出事件菜单。

图5-245　垂直工具栏—音频　　　　　图5-246　事件窗口

3.Step3　编辑事件

如图5-247所示，在"支持事件"栏中选择操作命令，在其对应的属性中填写具体信息。确认无误后，点击"确定"按钮保存设置。音频事件菜单属性，见表5-39。

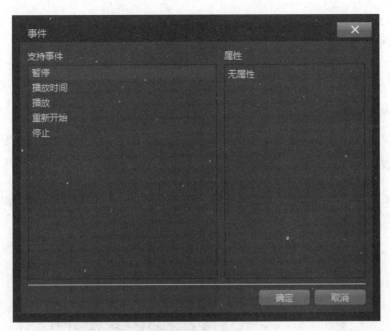

图5-247 事件菜单

表5-39 音频事件菜单属性

序号	属性名称	说明
1	暂停	音频被暂停时的事件
2	播放时间	音频从用户输入的时间节点开始播放的事件,如图5-248所示,时间以秒为单位。
3	播放	音频被播放后的事件
4	重新开始	音频被再次播放时的事件
5	停止	音频被停止播放后的事件

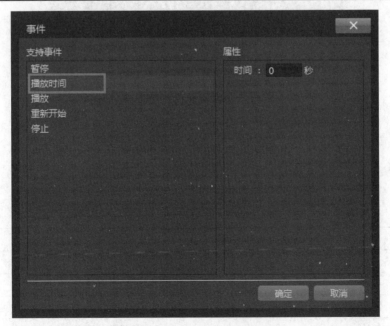

图5-248 事件菜单—播放时间

五、视频事件

视频事件功能是通过指定的操作命令来触发视频的事件。

1.Step1 新建视频对象

如图5-249所示，在垂直工具栏中单击视频工具的图标，新建一个视频对象。

2.Step2 新建事件

如图5-250所示，选中视频对象，在事件窗口中点击新建按钮 ，会弹出事件菜单。

图5-249 垂直工具栏—视频　　　　图5-250 事件窗口

3.Step3 编辑事件

如图5-251所示，在"支持事件"栏中选择操作命令，在其对应的属性中填写具体信息。确认无误后，点击"确定"按钮保存设置。事件菜单属性，见表5-40。

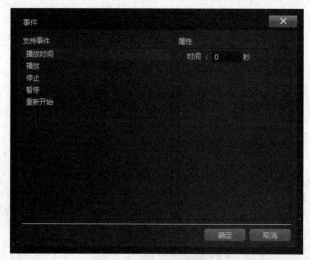

图5-251 事件菜单

表5-40 事件菜单属性

序号	属性名称	说明
1	播放时间	视频从用户输入的时间节点开始播放的事件，时间以秒为单位
2	播放	视频被播放后的事件
3	停止	视频被停止播放后的事件
4	暂停	视频被暂停时的事件
5	重新开始	视频被再次播放时的事件

六、"页面启动""页面终止"事件

页面启动是页面全部加载完成,在画面中显现时触发的事件。页面终止的操作步骤与"页面启动"一样,一般用于重置动画等。可打开追梦布客APP,点击其扫一扫按钮,扫描二维码查看如图5-252所示案例31的动态效果。

1.Step1 新建音频

如图5-253所示,在垂直工具栏中单击音频工具的图标,新建一个音频对象。

图5-252 案例31二维码

图5-253 垂直工具栏—音频

2.Step2 导入音频文件

如图5-254所示,选中生成的音频对象,在右侧的元素窗口中点击浏览按钮█进入资源库菜单。

图5-254 属性窗口—音频

如图5-255所示,导入"第五章→第五节"文件夹中的"audio001.mp3"文件。

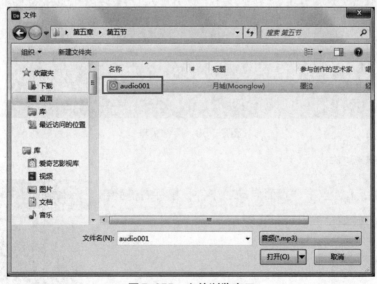

图5-255 文件浏览窗口

3.Step3 修改音频属性

如图5-256所示,在音频元素窗口中将重复选项改为"是"。

4.Step4 新建事件

如图5-257所示,先点击画布中无对象区域,然后在事件窗口中点击新建按钮█。

图5-256　修改音频属性

图5-257　事件窗口

5.Step5　编辑事件

如图5-258所示，在弹出的事件菜单里，点击"页面启动"事件，再点击"确定"按钮。

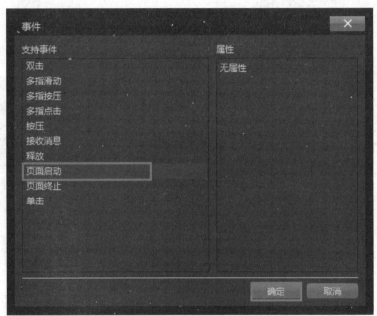

图5-258　事件菜单

6.Step6　新建动作

如图5-259所示，点击"页面启动"事件，鼠标右键弹出菜单中点击"新建动作"，打开动作菜单。

7.Step7　编辑动作

如图5-260所示，在动作菜单中，在"动作目标"中选择已生成的音频文件在"支持动作"中选择播放音频后，点击"确定"按钮。如果要从中间开始播放音频，则在属性中填开始播放的时间（秒）。

图5-259　新建动作

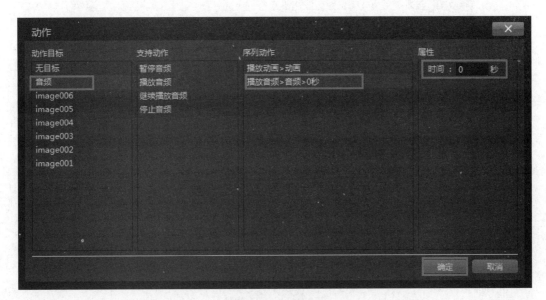

图5-260　动作菜单

8.Step8　预览

如图5-261所示，动作添加完成后窗口显示内容。运行播放器。预览时，第一页加载完成的同时添加的音频也会播放出来。

七、"按压""释放"事件

通过设置"按压""释放"事件产生按钮效果。可打开追梦布客APP，点击其扫一扫按钮，扫描如图5-262所示二维码查看案例31的动态效果。

图5-261　音频的事件动作编辑　　　　图5-262　案例31二维码

1.Step1　新建图片

如图5-263所示，在页面窗口切换画布到"页面2"后，通过图片按钮打开资源库菜单，选中第五章文件夹中的"image_defaultBtn.png""image_pressBtn.png"文件，将它们插入画布中。

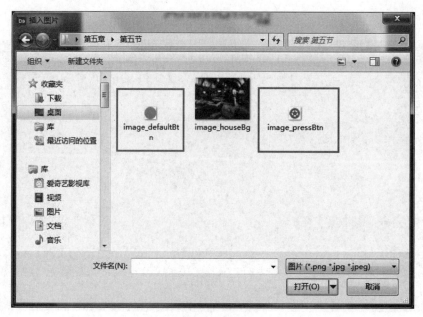

图5-263　导入图片

如图5-264所示，如果对象"image_defaultBtn"在"image_pressBtn"下方，则用鼠标进行拖动来调整顺序。

2.Step2　修改图片位置

如图5-265所示，在通用属性窗口中将图片"image_defaultBtn"和"image_pressBtn"的移动坐标设置为（20，584，0）。

图5-264　调整对象顺序

图5-265　修改图片位置

3.Step3　添加按压事件

选中图片"image_defaultBtn"，在事件菜单中新建事件，如图5-266所示，在弹出的事件菜单中点击"按压"。操作无误后，点击"确定"按钮保存设置。

4.Step4　添加按压动作

如图5-267所示，点击"按压"事件，鼠标右键弹出菜单中点击"新建动作"，打开动作菜单。然后，动作目标选择"image_defaultBtn"，支持动作选择"设置可见性"，动作属性选择"隐藏"。

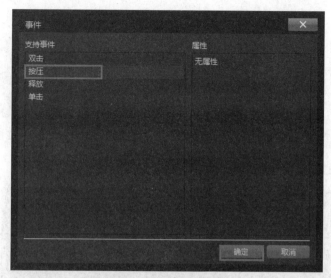

图5-266 事件菜单—按压

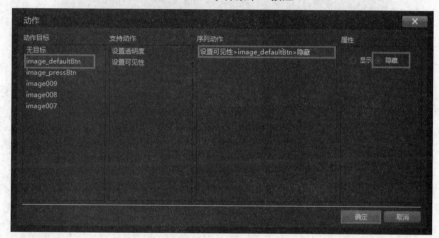

图5-267 添加动作

5.Step5 添加按压动作2

如图5-268所示，再次点击"按压"事件，鼠标右键弹出菜单中点击"新建动作"，打开动作菜单。动作目标选择"image_pressBtn"，支持动作选择"设置可见性"，动作属性选择"显示"。

图5-268 添加第2个动作

如图5-269所示，在按压事件中生成的动作。

6.Step6 添加释放事件

为了生成第2个释放的事件，再次点击事件添加按钮。
如图5-270所示，在事件菜单中添加"释放"事件，并点击
"确定"按钮保存设置。

图5-269 在按压事件中生成的动作

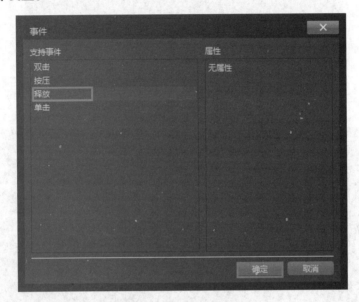

图5-270 释放事件

7.Step7 添加释放动作

选中生成的"释放"事件，鼠标右键弹出菜单中点击"新建动作"，然后选择新建动
作，打开动作菜单。如图5-271、图5-272所示进行设置后，点击"确定"按钮。

图5-271 添加释放第1个动作

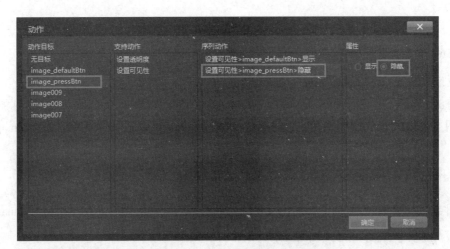

图5-272 添加释放第2个动作

如图5-273所示，在释放事件中生成的动作。添加完成"按压""释放"事件，就会出现按钮效果。

8.Step8 添加页面启动动作

如图5-274所示，在事件窗口中，新建一个页面事件"页面启动"，并添加两个动作，即"image_defaultBtn"，支持动作选择"设置可见性"，动作属性选择"显示"；"image_press-Btn"，支持动作选择"设置可见性"，动作属性选择"隐藏"。添加完成后，页面启动时会进行对象进行初始设置。

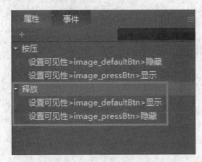

图5-273 事件添加完成

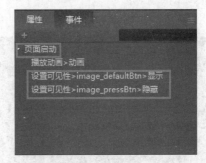

图5-274 页面启动事件生成

9.Step9 选择对象

如图5-275所示，在对象列表窗口中同时选择对象"mage_defaultBtn""image_pressBtn"。

10.Step10 创建副本

如图5-276所示，通过按Ctrl+C和Ctrl+V的快捷方式，对所选对象进行复制和粘贴。

图5-275 选择图片对象

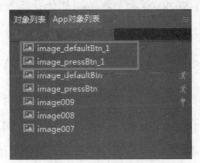

图5-276 复制和粘贴对象

11.Step11 修改对象名称

如图5-277所示，双击"image_defaultBtn_1"对象。

如图5-278所示，输入"image_defaultBtn_right"后，按Enter键保存设置。

如图5-279所示，用同样的方法将"image_pressBtn_1"的名称改为"image_press-Btn_right"。

12.Step12 修改对象位置

如图5-280所示，在通用属性窗口中，将对象"image_defaultBtn_right""image_press-Btn_right"的移动坐标修改为（50，584，0）。

图5-277 修改对象名称

图5-278 完成重命名对象

图5-279 修改图片名称

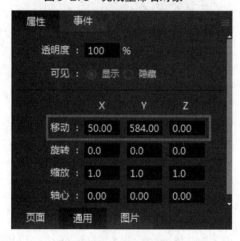

图5-280 修改对象位置

13.Step13 添加页面启动动作

如图5-281所示，将按钮初始化添加到"页面启动"事件中。

14.Step14 预览

运行播放器，向右切换页面后，点击之前生成的按钮，将会触发设置在"按压"事件上的动作，而如果松开，就会触发设置在"释放"事件上的动作。

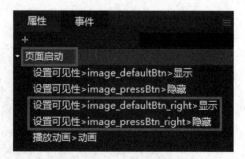

图5-281 按钮初始化设置

八、"单击""双击"事件

通过"单击""双击"事件产生图片转换效果。"双击"事件和
"单击"事件的操作一样，接下来以"单击"为例进行示范。可打
开追梦布客APP，点击其扫一扫按钮，扫描如图5-282所示二维码
查看案例31的动态效果。

图5-282 案例31二维码

1.Step1 新建图片

如图5-283所示，通过图片按钮打开资源库菜单，选中【第五章】文件夹中的"im-
age_houseBg.jpg"图片文件，将它们插入到画布中。

2.Step2 调整对象顺序

如图5-284所示，选中被导入的对象"image_houseBg"，将其拖动到"image008"的
下方。

图5-283 导入图片

图5-284 调整对象顺序

3.Step3 修改对象位置

如图5-285所示，在通用属性窗口中，将"image_houseBg"对象的移动坐标改为（-123，
614，0）。

4.Step4 群组化

如图5-286、图5-287所示，同时选中对象"image008"和"image_houseBg"。在多重选
择的状态下，点击群组命令按钮或Ctrl+G的快捷进行群组化。

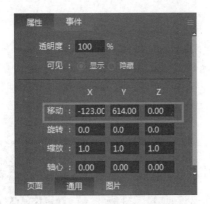

图5-285　修改对象位置

图5-286　多重选择对象

5.Step5　添加单击事件

如图5-288所示，选中对象"image_defaultBtn"，在事件窗口中生成"单击"事件。

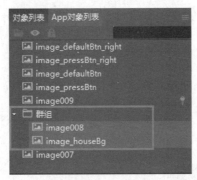

图5-287　群组生成

图5-288　单击事件生成

6.Step6　添加单击动作

选中"单击"事件，新建动作。如图5-289所示，动作目标选择"群组"，支持动作选择"隐藏"，动作属性选择"image008"。

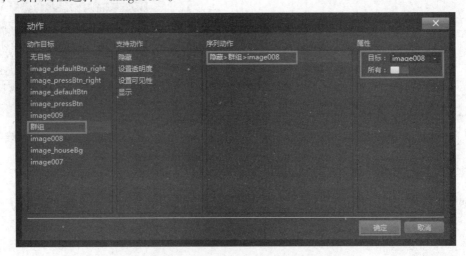

图5-289　对象"image_default"动作生成

7.Step7　添加单击事件动作

在"image_default_right"也生成"单击"事件，然后添加动作。如图5-290所示，动作目标选择"群组"，支持动作选择"显示"，动作属性选择"image008"。

图5-290　对象"image_default_right"动作生成

8.Step8　添加页面启动动作

在"页面启动"事件上添加"群组"对象初始化的动作。如图5-291所示，动作目标选择"群组"，支持动作选择"显示"，动作属性选择"image008"。

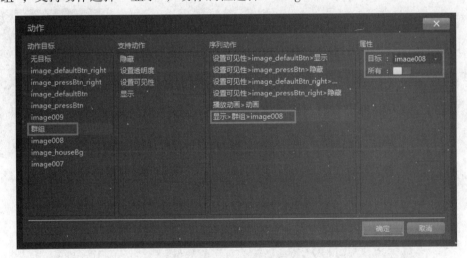

图5-291　添加初始化动作

9.Step9　预览

运行PC播放器，横向切换页面后，点击刚才制作的按钮也可以进行图片切换。

九、无目标动作

无对象目标的动作。

1.Step1　新建事件

如图5-292所示，先点击画布中无对象区域，在事件窗口中点击新建按钮　，会弹出事件菜单。

2.Step2 编辑事件

如图5-293所示，在支持事件中，点击"页面启动"事件，再点击"确定"按钮。任何事件都能添加无目标动作，这里以页面启动为例进行说明。

图5-292 事件窗口

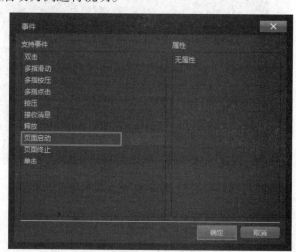

图5-293 事件菜单

3.Step3 新建动作

如图5-294所示，点击"页面启动"事件，鼠标右键弹出菜单中点击"新建动作"，打开动作菜单。

4.Step4 编辑动作

如图5-295所示，在动作菜单中，在"动作目标"中选择无目标，"支持动作"栏中选择操作命令，在其对应的属性中填写具体信息。确认无误后，点击"确定"按钮保存设置。

图5-294 新建动作

图5-295 无目标动作画面

（1）发送消息

播出信息的动作，对应页面事件中的接收消息。其属性编辑主要分为页面和外观两类。

①页面

如图5-296所示，对内部页面发送消息，由内部页面接收。

页面：选择页面类型时，需选择要呼出的页面。

消息：呼出的信息，自定义，可以是数字、字母等。

②外观

如图5-297所示，是对外发送信息由外部文件接收，比如JS代码。

图5-296　发送消息属性—页面　　　图5-297　发送消息属性—外观

消息：呼出的信息，自定义，可以是数字、字母等。

（2）安装APP

呼出APP的动作。如图5-298所示，其属性主要是填写参数。

苹果参数：iOS APP呼出的参数。

安卓参数：Android APP呼出的参数。

（3）打开URL

加载网址的动作。如图5-299所示，其属性是填写网址，即在URL地址框中输入网址。

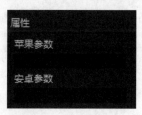 

图5-298　安装APP属性　　　　图5-299　打开URL属性

（4）播放动画

播放动画的动作。如图5-300所示，其属性是选择单一动画对象，即在目标框中选择要重播的某一个动画对象。

（5）重置动画

初始化动画的动作，分为目标和全部两种类型。

①目标。如图5-301所示，是指定页面内的某一个动画对象。

图5-300　播放动画属性　　　图5-301　重置动画属性—目标

目标：选择目标类型时，需选择要初始化的动画。

②所有。如图5-302所示，重置页面内所有的动画对象。

（6）重播动画

重新播放动画的动作，如图所示5-303，其属性是选择单一动画对象，即在目标框中选择要重播的某一个动画对象。

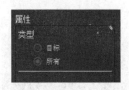

图5-302　重置动画属性—所有

图5-303　重播动画属性

（7）页面变换

页面转换的动作，分为指定和相邻两种类型。

①指定。如图5-304所示，选择其他任一个页面。选择指定模式时，需选择跳转后的页面。

②相邻。如图5-305所示，选择相邻的一个页面。

图5-304　页面变换属性画面—指定

图5-305　页面变换属性—相邻

上一个：本页前一个页面。

下一个：本页后一个页面。

（8）设置镜头

如图5-306所示，设置画面角度镜头的动作。

选择要改变角度的镜头对象。

（9）停止动作

停止全部正在进行的动作和即将进行的动作。

（10）停止所有音频

停止所有播放中的音频的动作。

（11）停止动画

如图5-307所示，动画停止动作，分为目标和全部两种类型。

①目标。指定页面内的某一个动画对象。

图5-306　设置镜头属性

图5-307　停止动画属性—目标

选择目标类型时，需选择要停止的动画。

②所有。如图 5-308 所示，停止页面内所有的动画对象。

（12）振动

振动的动作。

（13）延迟

如图 5-309 所示，动作待机。时间是指动作待机时间。

图 5-308　停止动画属性—所有　　　　图 5-309　等待属性

十、群组动作

群组对象成为目标的动作。

1.Step1　新建事件

如图 5-310 所示，先选中群组对象，在事件窗口中点击新建按钮 ，会弹出事件菜单。

2.Step2　编辑事件

如图 5-311 所示，在事件菜单的支持事件中选择"页面启动"，再点击"确定"按钮。任何事件都能添加群组动作，这里以单击为例进行说明。

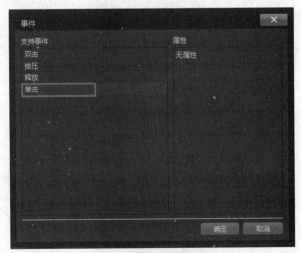

图 5-310　事件窗口　　　　　　　　图 5-311　事件菜单

3.Step3　新建动作

点击"页面启动"事件，鼠标右键弹出菜单中点击"新建动作"，打开动作菜单。如图 5-312 所示，在动作菜单中，动作目标选择"群组"，"支持动作"栏中选择操作命令，在其对应的属性中填写具体信息。确认无误后，点击"确定"按钮保存设置。

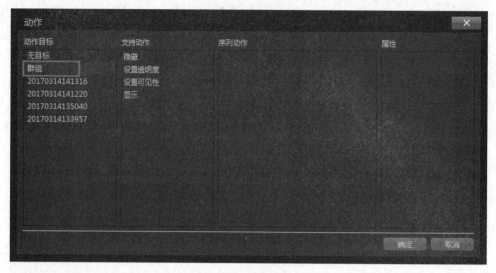

图5-312 群组动作

1.隐藏

如图5-313所示，可隐藏群组中的目标或所有对象。

①目标。隐藏指定群组内的某一个对象。

②所有。是否隐藏群组内所有的对象。

2.设置透明度

如图5-314所示，调整透明度的数值。

图5-313 隐藏属性　　　　　　**图5-314 设置透明度属性**

3.设置可见性

如图5-315所示，可选择显示或隐藏两种。

4.显示

如图5-316所示，可显示群组中的目标或所有对象。

图5-315 设置可见性　　　　　　**图5-316 显示属性**

①目标。显示指定群组内的某一个对象。

②所有。是否显示群组内所有的对象。

十一、序列动画动作

序列动画对象成为目标的动作。

1.Step1　新建事件

如图5-317所示，先选中序列动画对象，在事件窗口中点击新建按钮 ，会弹出事件窗口。

2.Step2　编辑事件

如图5-318所示，在事件菜单的支持事件中选择"单击"，再点击"确定"按钮。任何事件都能添加序列动画动作，这里以单击为例进行说明。

图5-317　事件窗口

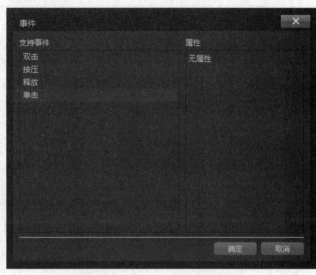

图5-318　事件菜单

3.Step3　新建动作

点击"单击"事件，鼠标右键弹出菜单中点击"新建动作"，打开动作菜单。如图5-319所示，在动作菜单中，动作目标选择"序列动画"，"支持动作"栏中选择操作命令。在其对应的属性中填写具体信息。确认无误后，点击"确定"按钮保存设置。序列动画动作属性，见表5-41。

图5-319　序列动画动作

表5-41　序列动画动作属性

序号	属性名称	说明
1	暂停序列动画	暂停序列动画的动作
2	播放序列动画	播放序列动画的动作
3	重置序列动画	初始化序列动画的动作
4	重新开始序列动画	重播序列动画的动作
5	设置透明度	如图5-320所示，调整透明度的数值
6	设置可见性	如图5-321所示，可选择显示或隐藏两种
7	停止序列动画	停止序列动画的动作

十二、图片切换动作

序列动画对象成为目标的动作。

图5-320　设置透明度属性

图5-321　设置可见性

1.Step1　新建事件

如图5-322所示，先选中图片切换对象，在事件窗口中点击新建按钮，会弹出事件菜单。

2.Step2　编辑事件

如图5-323所示，在事件菜单的支持事件中选择"单击"，再点击"确定"按钮。任何事件都能添加图片切换动作，这里以单击为例进行说明。

图5-322　事件窗口

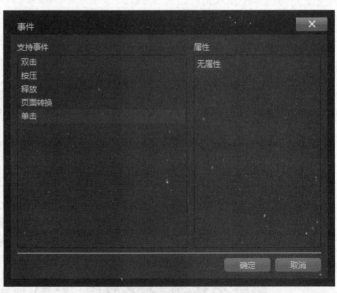

图5-323　事件菜单

3.Step3　新建动作

点击"单击"事件，鼠标右键弹出菜单中点击"新建动作"，打开动作菜单。如图5-324所示，在动作菜单中，动作目标选择"图片切换"，"支持动作"栏中选择操作命令。在其对应的属性中填写具体信息。确认无误后，点击"确定"按钮保存设置。

图5-324　图片切换动作

1.无效图片变换

没有效果的图片变换，可分为指定和相邻两种类型。

（1）指定

如图5-325所示，选择其他任一个图片。

目标：选择指定类型时，需选择跳转后的图片。

（2）相邻

如图5-326所示，选择相邻的一个图片。

图5-325　无效图片变换属性—指定　　　图5-326　无效图片变换属性—相邻

①上一个：本页前一个图片。

②下一个：本页后一个图片。

2.设置透明度

如图5-327所示，调整透明度的数值。

3.设置可见性

如图5-328所示，可选择显示或隐藏两种。

图5-327 设置透明度属性

图5-328 设置可见性

4.有效图片变换

有效果的图片变换，可分为指定和相邻两种类型。

（1）指定

如图5-329所示，选择其他任一个图片。

目标：选择指定类型时，需选择跳转后的图片。

（2）相邻

如图5-330所示，选择相邻的一个图片。

图5-329 有效图片变换属性—指定

图5-330 有效图片变换属性—相邻

①上一个：本页前一个图片。

②下一个：本页后一个图片。

十三、子页面动作

子页面对象成为目标的动作。

1.Step1 新建事件

如图5-331所示，先选中子页面对象，在事件窗口中点击新建按钮，会弹出事件菜单。

2.Step2 编辑事件

如图5-332所示，在事件菜单的支持事件中选择"单击"，再点击"确定"按钮。任何事件都能添加子页面动作，这里以单击为例进行说明。

3.Step3 新建动作

点击"单击"事件，鼠标右键弹出菜单中点击"新建动作"，打开动作菜单。如图5-333所示，在动作菜单中，动作目标选择"子页面"，"支持动作"栏中选择操作命令，在其对应的属性中填写具体信息。确认无误后，点击"确定"按钮保存设置。子页面动作属性，见表5-42。

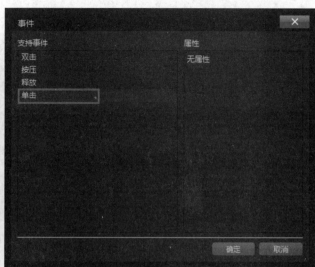

图5-331　事件窗口　　　　　　　　　　　　图5-332　事件菜单

图5-333　子页面动作

表5-42　子页面动作属性

序号	属性名称	说明
1	重置位置	在子页面模式中的滚动模式状态下，将滚动页面的坐标位置初始化为 (0, 0, 0)
2	设置可见性	如图5-334所示，可选择显示或隐藏两种

十四、音频动作

音频对象成为目标的动作。

1.Step1　新建事件

如图5-335所示，先点击画布中无对象区域，在事件窗口中点击新建按钮，会弹出事件菜单。

图5-334　设置可见性　　　　　图5-335　事件窗口

2.Step2　编辑事件

如图5-336所示，在事件菜单的支持事件中选择"页面启动"，再点击"确定"按钮。任何事件都能添加音频动作，这里以页面启动事件为例进行说明。

3.Step3　新建动作

点击"页面启动"事件，鼠标右键弹出菜单中点击"新建动作"，打开动作菜单。如图5-337所示，在动作菜单中，动作目标选择"音频"，"支持动作"栏中选择操作命令。在其对应的属性中填写具体信息。确认无误后，点击"确定"按钮保存设置。音频动作属性，见表5-43。

图5-336　事件菜单

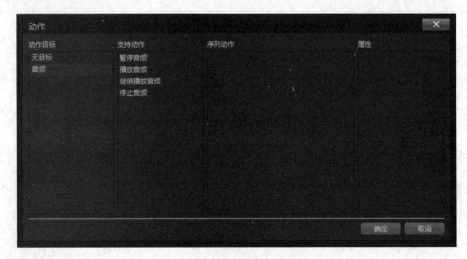

图5-337　音频动作

表5-43 音频动作属性

序号	属性名称	说明
1	暂停音频	音频被暂停时的动作
2	播放音频	播放音频的动作 时间（秒）：如图5-338所示，音频开始播放的时间节点
3	继续播放音频	从之前暂停处开始播放音频的动作
4	停止音频	停止音频播放的动作

十五、视频动作

视频对象成为目标的动作。

1.Step1 新建事件

如图5-339所示，先点击画布中无对象区域，在事件窗口中点击新建按钮 ，会弹出事件菜单。

图5-338 播放音频属性画面   图5-339 事件窗口

2.Step2 编辑事件

如图5-340所示，在事件菜单的支持事件中选择"页面启动"，再点击"确定"按钮。任何事件都能添加视频动作，这里以页面启动事件为例进行说明。

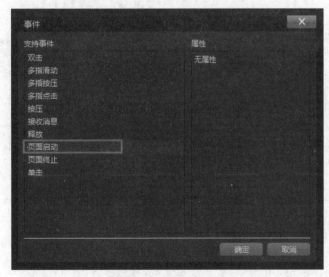

图5-340 事件菜单

3.Step3 新建动作

点击"页面启动"事件，鼠标右键弹出菜单中点击"新建动作"，打开动作菜单。如图5-341所示，在动作菜单中，动作目标选择"视频"，"支持动作"栏中选择操作命令。在其对应的属性中填写具体信息。确认无误后，点击"确定"按钮保存设置。视频动作属性，见表5-44。

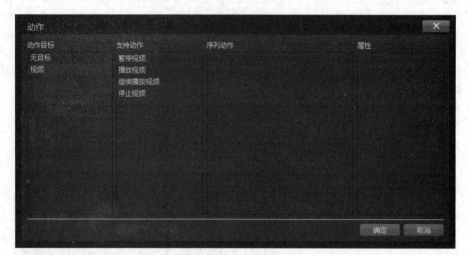

图5-341　视频动作

表5-44　视频动作属性

序号	属性名称	说明
1	暂停视频	视频被暂停时的动作
2	播放视频	播放视频的动作时间（秒）：如图5-342所示，视频开始播放的时间节点
3	继续播放视频	继续播放视频的动作
4	停止视频	停止视频播放的动作

十六、移动动画动作

视频对象成为目标的动作。

图 5-342　播放视频属性画面

1.Step1 新建事件

如图5-343所示，先选中移动动画对象，在事件窗口中点击新建按钮 ，会弹出事件菜单。

2.Step2 编辑事件

如图5-344所示，在事件菜单的支持事件中选择"页面启动"，再点击"确定"按钮。任何事件都能添加移动动画动作，这里以单击为例进行说明。

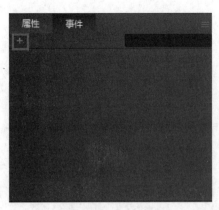

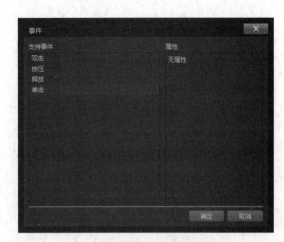

图5-343　事件窗口　　　　　　　　　　　　图5-344　事件菜单

3.Step3　新建动作

点击"页面启动"事件，鼠标右键弹出菜单中点击"新建动作"，打开动作菜单。如图5-345所示，在动作菜单中，动作目标选择"视频"，"支持动作"栏中选择操作命令。在其对应的属性中填写具体信息。确认无误后，点击"确定"按钮保存设置。视频动作属性，见表5-45。

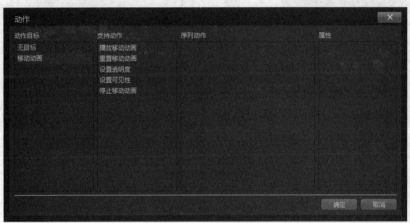

图5-345　视频动作

表5-45　视频动作属性

序号	属性名称	说明
1	播放移动动画	播放移动动画的动作
2	重置移动动画	初始移动动画的动作
3	设置透明度	如图5-346所示，调整透明度的数值
4	设置可见性	如图5-347所示，可选择显示或隐藏两种
5	停止移动动画	停止移动动画播放的动作

图5-346　设置透明度属性　　　　　　图5-347　设置可见性

十七、录音动作

录音对象成为目标的动作。

1.Step1 新建事件

如图5-348所示，先点击画布中无对象区域，在事件窗口中点击新建按钮，会弹出事件菜单。

2.Step2 编辑事件

如图5-349所示，在事件菜单的支持事件中选择"页面启动"，再点击"确定"按钮。任何事件都能添加录音动作，这里以页面启动事件为例进行说明。

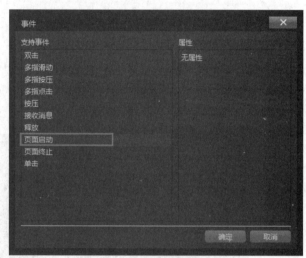

图5-348　事件窗口　　　　　　　　　　　　图5-349　事件菜单

3.Step3 新建动作

点击"页面启动"事件，鼠标右键弹出菜单中点击"新建动作"，打开动作菜单。如图5-350所示，在动作菜单中，动作目标选择"录音"，"支持动作"栏中选择操作命令。在其对应的属性中填写具体信息。确认无误后，点击"确定"按钮保存设置。录音动作属性，见表5-46。

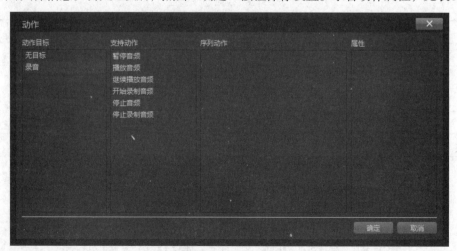

图5-350　录音动作

表5-46　录音动作属性

序号	属性名称	说明
1	暂停音频	音频被暂停时的动作
2	播放音频	播放音频的动作 （1）时间（秒）：如图5-351所示，音频开始播放的时间节点
3	继续播放音频	从之前暂停处开始播放音频的动作
4	开始录制音频	触发该动作就开启录音功能，会自动生成录音文件存在本地
5	停止音频	停止音频播放的动作
6	停止录制音频	正在进行"开始录制音频"动作的情况下使之中断录音的动作

课堂总结

学习了各种事件和动作的新建和编辑方法后，就可以运用这些功能，设置出多种多样的事件动作效果，从而丰富Dream-Book超媒体电子书的交互功能。

图5-351　播放音频属性画面

练习与答案

练习

1. 如何新建动作？
2. 页面事件有几种，分别是什么？
3. 音频事件和哪个事件功能一样？
4. 通过什么事件可以产生按钮效果？
5. 页面启动是在哪里设置的事件？
6. 可见性分为几种类型，分别是什么？

答案

1. 先要在事件窗口中新建一个事件，选中该事件，鼠标右键弹出菜单中点击"新建动作"，打开动作菜单进行动作编辑。

2. 有10种，分别为双击、多指滑动、多指按压、多指点击、按压、接收信息、释放、页面启动、页面终止和单击。

3. 录音事件和视频事件。

4. 按压和释放事件。

5. 对象为页面状态下的事件。

6. 两种，分别为显示和隐藏。

第六节　JS代码呈现脚本

小节提要

本节主要是学习DreamBook Author中JS代码呈现脚本的编辑方法和技巧，包括JS脚本代码呈现脚本的创建，错位、画廊、连线、拼图、画画、涂抹、写字和拖拽的呈现脚本的修改。根据不同的需求，创建并修改对应的呈现脚本，就能为DreamBook超媒体电子书添加JS代码实现的呈现效果。

一、JS代码呈现脚本的创建

由于DreamBook超媒体电子书里有些交互功能，不能通过已有的对象和事件动作来实现，所以设置了可以添加JS脚本的功能。

1.Step1　打开脚本设置菜单

如图5-352所示，点击主菜单上的"编辑"→"脚本设置"，弹出脚本设置菜单。也可以通过点击F9键的快捷方式，打开脚本设置菜单。

2.Step2　添加脚本

如图5-353所示，在脚本设置菜单中，点击添加按钮⊞，会弹出资源库菜单，在资源库菜单中选择合适的对象。设置无误后，点击"确定"保存设置。

图5-352　打开脚本设置菜单

图5-353　脚本设置菜单

（1）脚本

被添加的脚本文件列表，脚本文件必须是JS格式。

⊞：添加脚本文件按钮。　🗑：删除脚本文件按钮。

（2）本地脚本文件

要连接至脚本文件的文件列表。

⊞：添加文件按钮。　🗑：删除文件按钮。

二、错位脚本

错位脚本是在滑动页面时，页面内的图片对象有错位效果的JS代码呈现脚本。

1.Step1　打开脚本

如图5-354所示，用代码编辑器打开错位的JS代码呈现脚本。这里以Sublime Text软件为例。

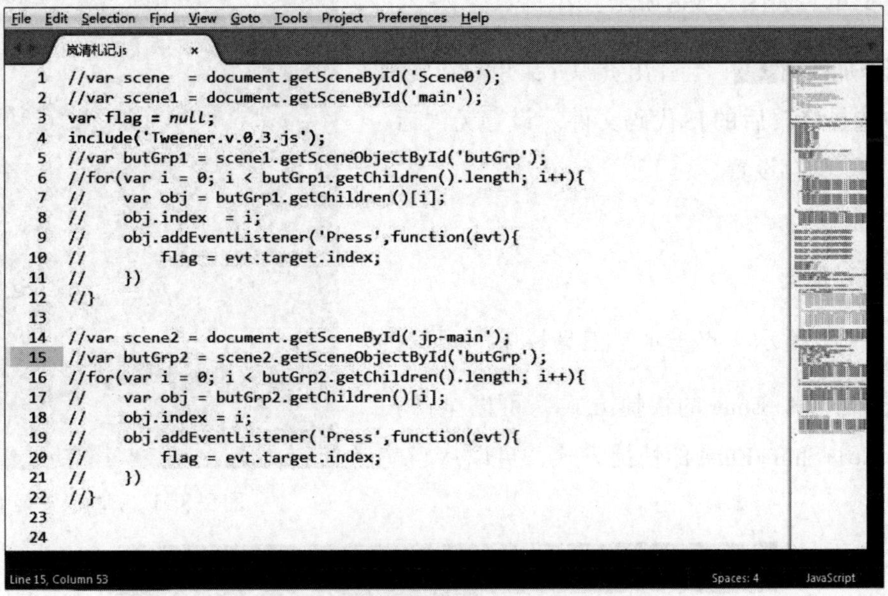

图5-354　打开脚本

2.Step2　修改脚本

如图5-355所示，用代码编辑器修改JS代码。无误后，可点击Ctrl+S的快捷方式保存设置。修改错位脚本属性，见表5-47。

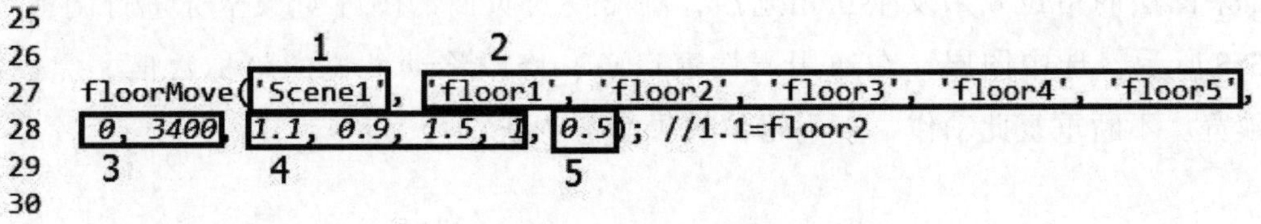

图5-355　修改脚本

表5-47 修改错位脚本属性

序号	属性名称	说明
1	页名称	替换"Scene1"为对应内容页的名称，名称只能由英文、数字和符号组成
2	图片名称	替换"floor1""floor2""floor3""floor4""floor5"为对应的错位对象的名称，名称只能由英文、数字和符号组成，图片数量根据实际情况进行调整
3	坐标	替换"0,3400"为错位页的起、止Y轴坐标参数
4	倍数	替换"1.1,0.9,1.5,1"为对应错位对象移动速度参照默认移动速度的倍数，floor2对应的是1.1
5	时间	参照层对象移动相对距离时所花的时间

3.Step3 添加脚本

点击主菜单上的"编辑"→"脚本设置"，弹出脚本设置菜单。如图5-356所示，在脚本设置菜单中，点击添加按钮，会弹出资源库菜单，在资源库菜单中选择修改后的JS代码文件。设置无误后，点击"确定"保存设置。

4.Step4 预览

如图5-357所示，点击水平工具栏中的预览按钮。点击Ctrl+Enter的快捷方式，可以全部预览。点击Ctrl+Shift+Enter的快捷方式，可以从当前页开始预览。

图5-356 脚本设置菜单

图5-357 水平工具栏预览的位置

5.Step5 调整图层坐标

如果图层的错位效果发生互相遮挡，则需要对页面的图片对象坐标进行调整。如图5-358所示，选中图层，在通用属性窗口中，修改移动一栏的坐标数值。完成后，再次预览。不断重复此动作，直到错位效果满意为止。

图5-358　调整图层坐标

三、画廊脚本

画廊脚本是在滑动图片时，页面内的图文有错位效果的JS代码呈现脚本。

1.Step1　打开脚本

用代码编辑器打开画廊的JS代码呈现脚本。

2.Step2　修改脚本

如图5-359所示，用代码编辑器修改JS代码。无误后，可点击Ctrl+S的快捷方式保存设置。修改画廊脚本属性，见表5-48。

```
3    //填的参数
4    var pic = {width:800, height:600};          2
5    var scale = 0.5;                             3
6    var scene = document.getSceneById('Scene06');
7    var mask  = scene.getSceneObjectById('mask');
8    var but = scene.getSceneObjectById('but');
9
10   var leftX = -500; //opacity 1 scale 0.5
11   var centerX = 112;//opacity 0 scale 1
12   var centerY = 94;
13   var rightX = 723; //opacity 1 scale0.5
14   var moveArr = [
15                              4
16       ['2-1','2-2',true],
17       ['3-1','3-2',false],
18       ['4-1','4-2',true],
19       ['5-1','5-2',false],
20       ['6-1','6-2',false],
21       ['7-1','7-2',false],
22       ['8-1','8-2',true],
23   ];
24
```

图5-359　修改脚本

表5-48　修改画廊脚本属性

序号	属性名称	说明
1	width	宽度，替换"800"为画廊展示区域的长度
2	height	高度，替换"600"为画廊展示区域的宽度
3	SceneById	页名称，替换"Scene21"为对应内容页的名称，名称只能由英文、数字和符号组成
4	图片名称	如图5-360所示，替换"2-1""2-2""3-1""3-2"等为对应的画廊对象的名称，名称只能由英文、数字和符号组成，图片数量根据实际情况进行调整

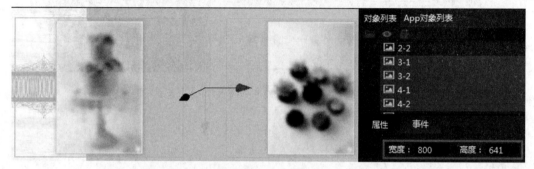

图5-360　修改脚本

技巧提示：在截取展示图片时，也要截取设置好的长宽度数值，确保画廊展示的统一性和美观性。

3.Step3　添加脚本并预览

添加脚本，预览画廊展示效果是否无误，若有偏差，修改对应的设置，直至准确无误为止。

四、连线脚本

连线脚本，是在页面内的将匹配的两者用连线的方式对应起来的JS代码呈现脚本。

1.Step1　打开脚本

用代码编辑器打开连线的JS代码呈现脚本。

2.Step2　修改脚本

如图5-361所示，用代码编辑器修改JS代码。无误后，可点击Ctrl+S的快捷方式保存设置。修改连线脚本属性，见表5-49。

3.Step3　添加脚本并预览

添加脚本，预览连线效果是否无误。若有偏差，修改对应的设置，直至准确无误为止。

```
1   var scene = document.getSceneById("1-2");  1
2   var drawImage = scene.getSceneObjectById("blank");
3   var stamp = scene.getAnimationById("stamp");
4   var lineAudio = scene.getSceneObjectById("Audio1");
5   var stapmAudio = scene.getSceneObjectById("Audio2");
6   var lineGroup = scene.getSceneObjectById("lineGroup");
7
8
9   var dots =
10  [                        2
11      [[245, 300] , [781, 483]],
12      [[509, 297] , [508, 483]],
13      [[781, 297] , [242, 483]]
14  ];
15
16  var curSegmentIndex = -1;
17  var curPtIndex = -1;
18
19  scene.addEventListener("Scene Start", onSceneStart);
20  scene.addEventListener("Scene Stop", onSceneStop);
21  scene.addEventListener("Move", onMove);
22
23  var isPressed = false;
24  var brushRad = 5;  3
25  var pixelBuffer = null;
26  var tolerance = 50;
27
28  var canvasX = 0;     4
29  var canvasY = 0;     5
30  var canvasW = 1024;  6
31  var canvasH = 768;   7
```

图5-361　修改脚本

表5-49　修改连线脚本属性

序号	属性名称	说明
1	SceneById	页名称，替换"1-2"为对应内容页的名称，名称只能由英文、数字和符号组成
2	dots	连线点坐标，替换"[245,300],[781,483]"等为对应的正确连线起止点坐标，连线数量根据实际情况进行调整
3	brushRad	连线的粗细，替换"5"为线条显示所需的粗细值
4	canvasX	X坐标，替换"0"为连线展示区域的轴心点X坐标
5	canvasY	Y坐标，替换"0"为连线展示区域的轴心点Y坐标
6	canvasW	宽度，替换"1024"为连线展示区域的长度
7	canvasH	高度，替换"768"为连线展示区域的宽度

五、拼图脚本

拼图脚本是在页面内将碎片——放置到对应的位置上，并能吸附住的JS代码呈现脚本。

1.Step1　打开脚本

用代码编辑器打开拖拽的JS代码呈现脚本。

2.Step2　修改脚本

如图5-362所示，用代码编辑器修改JS代码。无误后，可点击Ctrl+S的快捷方式保存设置。修改拼图脚本属性，见表5-50。

```
1    include("scriptTemplate.js");
2
3    Motion.addMotion("manyStickerTypeQuestion",{
4        sceneId:'puzzle3', 1
5        exampleObjsId:['4piece6','4piece5','4piece4','4piece3','4piece2','4piece1'], 2
6        correctAreaId:['1','2','3','4','5','6'],3
7        correctNumberId:[
8            ['4piece6','6'],
9            ['4piece5','5'],
10           ['4piece4','4'], 4
11           ['4piece3','3'],
12           ['4piece2','2'],
13           ['4piece1','1'],
14       ],
15       tolerance:100, 5
16       correctCheckDataGrpId:'sucStamp' 6
17   })
```

图5-362　修改脚本

表5-50　修改拼图脚本属性

序号	属性名称	说明
1	SceneById	页名称，替换"puzzle3"为对应内容页的名称，名称只能由英文、数字和符号组成
2	exampleO bjsId	可以被拖动的图片名称，替换"4piece6""4piece5"等为对应的图片名称，名称只能由英文、数字和符号组成，根据实际情况进行调整
3	correctAreaId	正确位置的名称，替换"1""2"等为对应的名称，名称只能由英文、数字和符号组成，根据实际情况进行调整
4	correctNumberId	图片和位置正确匹配方式，替换"4piece6""6"等为正确匹配的名称，名称只能由英文、数字和符号组成，根据实际情况进行调整
5	tolerance	误差，替换"100"为误差值的大小
6	correctCheckDataGrpId	正确结果组的名称，替换"sucStamp"为对应的对象名，名称只能由英文、数字和符号组成

3.Step3　添加脚本并预览

添加脚本，预览拼图效果是否无误若有偏差，修改对应的设置，直至准确无误为止。

六、画画脚本

画画脚本是能在页面内使用不同的画笔进行画画的JS代码呈现脚本。

1.Step1　打开脚本

用代码编辑器打开拖拽的JS代码呈现脚本。

2.Step2　修改脚本

如图5-363所示，用代码编辑器修改JS代码。无误后，可点击Ctrl+S的快捷方式保存设置。修改画画脚本属性，见表5-51。

```
1    var scene = document.getSceneById("2");  1
2    var drawImage = scene.getSceneObjectById("blank");
3    var rainbowBtn = scene.getSceneObjectById("rainbow_Btn");
4    var colorBtnsGrp = scene.getSceneObjectById("color_Btn");
5    var coloredImg = scene.getSceneObjectById("auto");
6    var replay = scene.getSceneObjectById("reset");
7
8    var colors =
9    [                              2
10       [1, 0, 0, 1],
11       [253/255, 220/255, 10/255, 1],
12       [166/255, 207/255, 75/255, 1],
13       [0/255, 193/255, 255/255, 1],
14       [255/255, 91/255, 184/255, 1],
15       [255/255, 255/255, 255/255, 1],
16       [255/255, 143/255, 0/255, 1],
17       [255/255, 200/255, 140/255, 1],
18       [0/255, 145/255, 61/255, 1],
19       [29/255, 59/255, 187/255, 1],
20       [131/255, 68/255, 16/255, 1]
21    ];
22
23
24   scene.addEventListener("Scene Start", onSceneStart);
25   scene.addEventListener("Press", onPress);
26   scene.addEventListener("Release", onRelease);
27   scene.addEventListener("Move", onMove);
28   scene.addEventListener("Scene Stop" ,onSceneStop);
29
30   rainbowBtn.addEventListener("Tap", onRainbow);
31   replay.addEventListener("Tap", reset);
32
33   var colorBtn = colorBtnsGrp.getChildren();
34   var color = null;
35   var brushRad = 10;  3
36   var canvasX = 0;        4
37   var canvasY = 0;        5
38   var canvasWidth = 1024;   6
39   var canvasHeight = 768;   7
```

图5-363 修改脚本

表5-51 修改画画脚本属性

序号	属性名称	说明
1	SceneById	页名称，替换"2"为对应内容页的名称，名称只能由英文、数字和符号组成
2	colors	RGB参数，替换"[253,220,10]"等为对应的颜色RGB参数，根据实际情况进行调整数量和参数值
3	brushRad	画画线条的粗细，替换"10"为线条显示所需的粗细值
4	canvasX	X坐标，替换"0"为画画展示区域的轴心点X坐标
5	canvasY	Y坐标，替换"0"为画画展示区域的轴心点Y坐标
6	canvasW	宽度，替换"1024"为画画展示区域的长度
7	canvasH	高度，替换"768"为画画展示区域的宽度

3.Step3 添加脚本并预览

添加脚本，预览画画效果是否无误。若有偏差，修改对应的设置，直至准确无误为止。

七、涂抹脚本

涂抹脚本是能在页面内使用不同的画笔进行涂抹的JS代码呈现脚本。

1.Step1 打开脚本

用代码编辑器打开拖拽的JS代码呈现脚本。

2.Step2 修改脚本

如图5-364所示，用代码编辑器修改JS代码。无误后，可点击Ctrl+S的快捷方式保存设置。修改涂抹脚本属性，见表5-52。

```
1    var scene = document.getSceneById('Scene3');1
2
3
4
5    var blank = scene.getSceneObjectById('blank');
6    var copyImg = scene.getSceneObjectById('copyImg');
7
8
9
10   var moveLastPos = null;
11
12   var canvasX = 0; 2
13   var canvasY = 0; 3
14   var brushRad = 60; 4
15   var prePos = null;
```

图5-364　修改脚本

表5-52　修改涂抹脚本属性

序号	属性名称	说明
1	SceneById	页名称，替换"Scene3"为对应内容页的名称，名称只能由英文、数字和符号组成
2	canvasX	X坐标，替换"0"为涂抹展示区域的轴心点X坐标
3	canvasY	Y坐标，替换"0"为涂抹展示区域的轴心点Y坐标
4	brushRad	涂抹线条的粗细，替换"60"为线条显示所需的粗细值

3.Step3 添加脚本并预览

添加脚本，预览涂抹效果是否无误。若有偏差，修改对应的设置，直至准确无误为止。

八、写字脚本

写字脚本是在页面内的将笔画依次描写出来的JS代码呈现脚本。

1.Step1 打开脚本

用代码编辑器打开拖拽的JS代码呈现脚本。

2.Step2 修改脚本

如图5-365所示，用代码编辑器修改JS代码。无误后，可点击Ctrl+S的快捷方式保存设置。修改写字脚本属性，见表5-53。

```
1   include("scriptTemplate.js");
2   //(sceneId, drawAreaId, stepArray, stepImgGrpId, brushRad, rightGrpId)
3   Motion.addMotion("write",{
4       sceneId:'sample2',1
5       drawAreaId:'blank',2
6       stepArray:[                                    3
7           [[312,121],[201,334],[291,321]],
8           [[412,247],[227,469],[378,429]],
9           [[199,638],[345,571]],
10          [[574,260],[514,468],[436,607]],
11          [[552,179],[759,140],[677,338],[745,396],[687,554],[592,638]],
12          [[619,474],[746,618],[854,686]]
13      ],
14      stepImgGrpId:'everyStepGrp',4
15      brushRad:30,5
16      rightGrpId:'rightGrp' 6
17  })
```

图5-365 修改脚本

表5-53 修改写字脚本属性

序号	属性名称	说明
1	SceneId	页名称，替换"sample2"为对应内容页的名称，名称只能由英文、数字和符号组成
2	draw AreaId	一张透明的图片位置需要在最上方，替换"blank"为对象名，名称只能由英文、数字和符号组成
3	stepArray	笔画的关键点坐标，替换"[312,121],[201,334],[291,321]"为对应的笔划所要经过的关键点坐标，至少要有起点和终点两个坐标，具体的坐标点数量可以根据实际情况进行添加
4	stepImgGrpId	写完一步画面增加一笔的图片的组名，替换"everyStepGrp"为对象名，名称只能由英文、数字和符号组成
5	brushR ad	写字线条的粗细，替换"30"为线条显示所需的粗细值
6	rightGrpId	正确结果组的名称，替换"rightGrp"为对应的对象名，名称只能由英文、数字和符号组成

3.Step3 添加脚本并预览

添加脚本，预览写字效果是否无误，若有偏差，修改对应的设置，直至准确无误为止。

九、拖拽脚本

拖拽脚本是在页面内的将匹配的两者用拖拽的方式对应起来的JS代码呈现脚本。拖拽有四种脚本，每个脚本的用途不一样。

1.Step1 打开脚本

用代码编辑器打开拖拽的JS代码呈现脚本。

2.Step2 修改脚本

（1）适用于多对一的拖拽

放置区域为一个，可拖拽对象有多个的情况，可使用本JS代码呈现脚本。

如图5-366所示，用代码编辑器修改JS代码。无误后，可点击Ctrl+S的快捷方式保存设置。适用于多对一的拖拽脚本属性，见表5-54。

```
1   //'stickerTypeQuestion':
2              // stickerTypeQuestion(actionData.sce
3   include("f5.js");
4
5   Motion.addMotion("stickerTypeQuestion",{
6       sceneId:"2",1
7       exampleObjsId:['1','2','3'],       2
8       correctAreaId:'8',3
9       correctObjId:'1',4
10      tolerance:'100',5                  6
11      correctCheckDataGrpId:'correctCheckDataGrp'
12  });
```

图5-366　修改脚本

表5-54　适用于多对一的拖拽脚本属性

序号	属性名称	说明
1	SceneId	页名称，替换"2"为对应内容页的名称，名称只能由英文、数字和符号组成
2	exampleO bjsId	选项名，替换"1""2""3"为对应的对象名，名称只能由英文、数字和符号组成，数量根据实际情况进行调整
3	correctAreaId	正确放置区域名，替换"8"为区域名，名称只能由英文、数字和符号组成
4	correctO bjId	正确选项名，替换"1"位正确的对象名，名称只能由英文、数字和符号组成
5	tolerance	误差，替换"100"为允许的误差值
6	correctCheckDataGrpId	正确结果组的名称，替换"correctCheckDataGrp"为对应的对象名，名称只能由英文、数字和符号组成

（2）适用于多对多的拖拽

可拖拽对象和正确区域有多个，且两者的数量要一致。完成所有匹配时，会接收到一个_complate消息。

如图5-367所示，用代码编辑器修改JS代码。无误后，可点击Ctrl+S的快捷方式保存设置。适用于多对多的拖拽脚本属性，见表5-55。

```
1   include("f5.js");
2
3   Motion.addMotion("manyStickerTypeQuestion",{
4       sceneId:"1-1",1
5       exampleObjsId:["example1","example2","example3"],    3
6       correctAreaId:["correctArea1","correctArea2","correctArea3"],
7       correctNumberId:
8       [                                    4
9           "example1","correctArea2"],
10          "example2","correctArea1"],
11          "example3","correctArea3"],
12      ],
13      tolerance:"100",5                 6
14      correctCheckDataGrpId:"correctCheckDataGrp"
15  });
16
```

图5-367　修改脚本

表5-55　适用于多对多的拖拽脚本属性

序号	属性名称	说明
1	SceneId	页名称，替换"1-1p"为对应内容页的名称，名称只能由英文、数字和符号组成
2	exampleObjsId	选项名，替换"example1""example 2""example3"为对应的对象名，名称只能由英文、数字和符号组成，数量根据实际情况进行调整
3	correctAreaId	正确放置区域名，替换"correctArea1""correctArea2""correctArea3"为区域名，名称只能由英文、数字和符号组成，数量根据实际情况进行调整
4	correctNumberId	图片和位置正确匹配方式，替换"example1""correctArea1"等为正确匹配的名称，名称只能由英文、数字和符号组成，根据实际情况进行调整
5	tolerance	误差，替换"100"为允许的误差值
6	correctCheckDataGrpId	正确结果组的名称，替换"correctCheckDataGrp"为对应的对象名，名称只能由英文、数字和符号组成

（3）适用于多对少的拖拽

被拖动的选项个数必须≥正确区域的选项个数。被拖动的选项按1，2，3，4……顺序，正确区域也按1，2，3；1对应1，2对应2，3对应3，多出的被拖动的选项（例如"4"）放在最下面即可。提交之后：正确消息"right"，错误消息"wrong"。

如图5-368所示，用代码编辑器修改JS代码。无误后，可点击Ctrl+S的快捷方式保存设置。适用于多对少的拖拽脚本属性见，表5-56。

```
1  include('scriptTemplate.js');
2
3  //(sceneId, dragGrp, catesGrpId, cateGrpArray, tolerance, scale, correctCheckDataGrpId)
4
5    Motion.addMotion("classify",{
6    sceneId:'classify',1
7    dragGrp:'ball',2
8    catesGrpId:'cate',3
9    cateGrpArray:['cate1_'],4
10   tolerance:150,5
11   scale:0.3,6
12   correctCheckDataGrpId:'rightResGrp'7
13  })
```

图5-368　修改脚本

表5-56　适用于多对少的拖拽脚本属性

序号	属性名称	说明
1	SceneId	页名称，替换"classify"为对应内容页的名称，名称只能由英文、数字和符号组成
2	dragGrp	被拖动的组的名字，替换"ball"为对应的对象名，名称只能由英文、数字和符号组成
3	catesGrpId	正确放置区域名，替换"cate"为区域名，名称只能由英文、数字和符号组成
4	cateGrpArray	正确选项组的名字，替换"cate _"为对应的对象名，名称只能由英文、数字和符号组成，根据实际情况进行调整
5	tolerance	误差，替换"100"为允许的误差值
6	scale	面积，替换"0.3"为原面积比例值
7	correctCheckDataGrpId	正确结果组的名称，替换"rightResGrp"为对应的对象名，名称只能由英文、数字和符号组成

（4）适用于一对多的拖拽

放置区域为多个，可拖拽对象只有一个的情况，可使用本JS代码呈现脚本。

如图5-369所示，用代码编辑器修改JS代码。无误后，可点击Ctrl+S的快捷方式保存设置。适用于一对多的拖拽脚本属性，见表5-57。

```
1   include("f5.js");
2
3
4   Motion.addMotion("oneStickerTypeQuestion",{
5       sceneId:"sample3",1
6       exampleObjsId:["bottle"],2
7       correctAreaId:["1","2"],3
8       tolerance:"80",4
9       correctCheck:
10      [
11          {stiker: "bottle"  area: "1", check: true}
12          {stiker: "bottle"  area: "2", check: false},
13      ],
14      rightObjGrpId:"rightGrp",8
15      wrongObjGrpId:"wrongGrp",9
16      scale true,10
17      booAnimate:true 11
18  });
19
20  var scene = document.getSceneById("sample3");
21  var o = scene.getSceneObjectById("resetBtn");12
22
23  o.addEventListener("Tap", onTap);
24
25  function onTap(){
26      Motion.oneStickerTypeQuestion_reset();
27  }
```

图5-369　修改脚本

表5-57　适用于一对多的拖拽脚本属性

序号	属性名称	说明
1	SceneId、SceneById	页名称，替换"sample3"为对应内容页的名称，名称只能由英文、数字和符号组成
2	exampleObjsId	可被拖动的对象名称，名称只能由英文、数字和符号组成
3	correctAreaId	放置区域名，替换"1""2"为区域名，名称只能由英文、数字和符号组成
4	tolerance	误差，替换"80"为允许的误差值
5	sticker	被拖动的对象名称，名称只能由英文、数字和符号组成
6	area	放置区域名，名称只能由英文、数字和符号组成
7	check	匹配结果反馈，false或者true
8	rightObjGrpId	得到right消息，响应的组的名称，名称只能由英文、数字和符号组成
9	rongObjGrpId	得到wrong消息，响应的组的名称，名称只能由英文、数字和符号组成
10	scale	是否需要缩放，false为不需要，true时需要缩放
11	booAnimate	是否有动画，true表示有，false表示没有
12	SceneObjectById	被拖动对象的区域，替换"resetBtn"为对应的对象名，名称只能由英文、数字和符号组成

3.Step3 添加脚本并预览

添加脚本，预览拖拽效果是否无误。若有偏差，修改对应的设置，直至准确无误为止。

课堂总结

学习了各种JS代码呈现脚本的新建和编辑方法后，就可以运用这些JS脚本，为Dream-Book电子书添加合适的呈现脚本，增加其交互功能和效果了。

练习与答案

练习

1. 本节中展示的JS代码呈现脚本分几类？
2. 需要设置笔触粗细值的有哪些脚本？
3. 拖拽有几种脚本，分别是什么？
4. 哪些脚本主要用于展示图文？

答案

1. 错位、画廊、连线、拼图、画画、涂抹、写字和拖拽。
2. 画画、涂抹和写字。
3. 四种。数量一致，多对一，多对少，少对多。
4. 错位和画廊。

第七节　电子书管理平台

小节提要

当制作并打包发布电子书成品之后，需要上传到后台。上传成功后，用户才能够通过移动端对制作的电子书进行预览。因此，了解电子书管理平台的基础知识也是非常必要的。这一小节就电子书管理平台的基础功能进行介绍，便于后期的内容发布管理需要。

一、功能模块"账户激活"

设置账户密码，激活账户，具体操作方法如下。

1.Step1 激活链接

如图5-370所示，打开注册邮箱，点击账户激活链接。

亲爱的用户 xia123：您好！

欢迎加入追梦布客-电子书管理平台！

请点击下面的链接完成激活：

https://dbauthor.todaycollege.cn:8011/password/email/reset?loginName=xia123
&activeCode=fc1d7376-2daa-4da8-be62-f5cd20a30496&flag=1

(如果无法点击该 URL 链接地址，请将它复制并粘贴到浏览器的地址输入框，然后单击回车即可。该链接使用后将立即失效。)

注意：请您在收到邮件 1 天内(2017-03-22 10:30:46 前)使用，否则该链接将会失效。

我们将一如既往、热忱的为您服务！

图 5-370　功能账户激活界面

图 5-371　功能账户激活界面

2.Step2　激活账户

如图 5-371 所示，依次输入密码、确认密码，点击"确定"按钮，完成激活账户。

二、功能模块"登录"

1.登录

登录电子书管理平台，具体操作方法如下。

打开浏览器，输入电子书管理平台地址，在如图 5-372 所示的界面内，依次输入账户名、密码和验证码，点击"登录"按钮。

2.重置密码

若忘记密码，则需要重置密码，具体操作方法如下。

点击"忘记密码"按钮，在如图 5-373 所示的界面，依次输入正确的用户名或者邮箱、验证码点击"下一步"按钮。如图 5-374 所示，密码重置链接将发送到填写的邮箱中。

登录邮箱，点击密码重置链接，在图 5-375 所示的界面内依次输入密码、确认密码，点击"确定"按钮，密码重置成功。

图 5-372　功能登录界面

图 5-373　找回密码界面

图5-374　密码重置界面1　　　　　**图5-375　密码重置界面2**

三、功能模块"成品管理—类别列表"

成品管理中的类别列表可以用来添加、编辑、删除超媒体电子书类别名称。具体操作方法如下。

1.Step1　添加类别

进入"成品管理"→"类别列表"页面，在如图5-376所示界面，点击"添加"按钮。

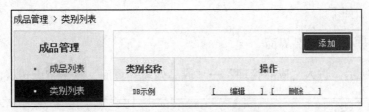

图5-376　成品管理—成品列表

在如图5-377所示的弹出框中输入类别名称，点击"保存"按钮。

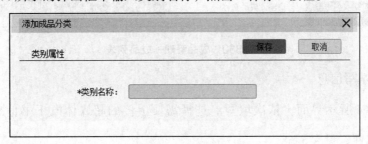

图5-377　添加成品分类

2.Step2　编辑类别

如图5-378所示，点击类别名称后方"编辑"按钮。

图5-378　成品管理—成品列表

在图5-379所示界面，类别名称修改完成后，点击"保存"按钮。

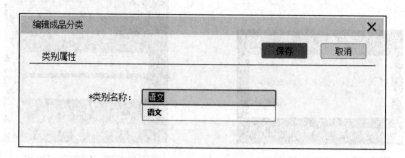

图5-379 添加成品分类

四、功能模块"成品管理—成品列表"

1.上传成品

成功上传超媒体电子书至管理后台后，用户才可通过客户端阅读器下载图书并进行阅读。具体操作方法如下。

（1）Step1 进入上传成品界面

如图5-380所示，进入"成品管理"→"成品列表"页面，点击"上传成品"按钮。

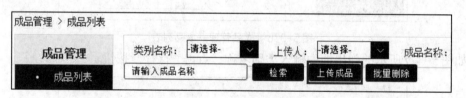

图5-380 成品管理—成品列表

（2）Step2 填写信息

在如图5-381所示界面，依次填写、选择需要上传的超媒体电子书信息，打*为必填项。上传成品属性，见表5-58。

（3）Step3 上传

所有必填信息填写完成以后，点击如图5-381所示的"上传"按钮。

2.详情

已上传成功的电子书也可以查看它的上传情况，具体操作方法如下。

所有电子书以列表形式展现，可查看相关超媒体电子书信息。如图5-382所示，点击某本电子书后方"详情"按钮，进入历史版本管理页面，可查看该电子书所有历史版本信息。点击"返回"按钮，返回上一步操作。

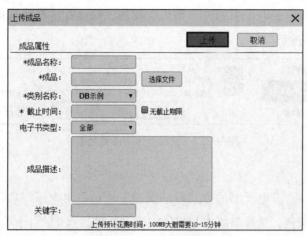

图5-381　上传成品

表5-58　上传成品属性

序号	属性名称	说明
1	成品名称	输入超媒体电子书名称。
2	成品	从本地选择需要上传的成品文件。
3	类别名称	选择超媒体电子书类别，若类别不存在，请先添加类别［输入类别的名称（20字以内）］
4	截止期限	选择截止期限，到达设定的截止期限，该本超媒体电子书自动取消发布；如果该电子书没有发布时间限制，可以勾选后方无截止日期选项
5	电子书类型	选择该本电子书适用平台
6	成品描述、关键字	输入该本电子书相关介绍

图5-382　成品管理—成品列表

3.检索

若是列表中的内容过多，可以对特定的内容精选检索，具体操作方法如下：

选择某类超媒体电子书或者上传人或者输入成品名称，点击如图5-383所示的"检索"按钮，可支持进行模糊检索。

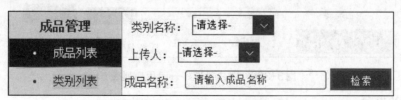

图5-383　成品管理—成品列表

4.修改信息

若是想修改上传电子书的信息，具体操作方法如下。

如图5-384所示，点击电子书后方"编辑"按钮，修改相应超媒体电子书信息，修改完成后，点击"上传"按钮。

图5-384　成品管理—成品列表

5.升级新版本

如图5-384所示，点击电子书后方"取消发布"按钮。将电子书取消发布成功后，点击电子书后方"编辑"按钮，选择新版本超媒体电子书文件，点击"上传"按钮。

6.其他相关操作

发布电子书：如图5-384所示，点击电子书后方"发布"按钮。

下载电子书：如图5-384所示，点击电子书后方"下载"按钮，选择下载路径。

批量删除：如图5-385所示，勾选需要删除的超媒体电子书，点击"批量删除"按钮，确认删除所有历史版本超媒体电子书后，点击"确定"按钮。

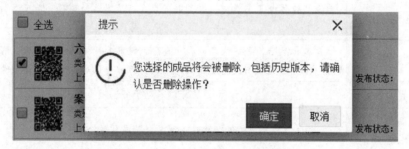

图5-385　成品管理—成品列表

五、功能模块"账户管理—一般用户列表"

账户管理中的一般用户列表用来添加、检索、编辑、删除一般用户账户，具体操作方法如下。

1.添加一般用户

（1）Step1　添加账户

如图5-386所示，进入"账户管理"→"一般用户列表"页面，点击"添加账户"按钮。

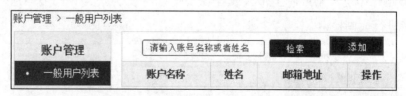

图5-386　账户管理——般用户列表

（2）Step2　保存

依次输入账户名称、密码、确认密码、姓名、邮箱等信息，输入完成后，如图5-387所示，点击"保存"按钮。

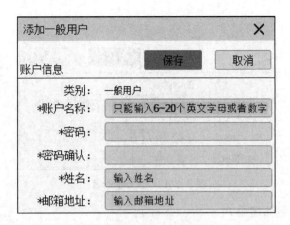

图 5-387　添加一般用户

2.检索、编辑、删除一般用户

如图5-388所示，点击一般用户后方"编辑""删除"按钮，进行编辑一般用户信息、删除操作。用户可以输入账户名称或者姓名，进行检索，支持模糊检索。

图 5-388　账户管理——一般用户列表

六、功能模块"账户管理—制作者列表"

账户管理中的制作者列表是用来添加、编辑、删除制作者账户，重置制作者账户密码，具体操作方法如下。

1.添加制作者账户

(1)Step1　添加账户

如图5-389所示，进入"账户管理"→"制作者列表"页面，点击"添加账户"按钮，依次输入账户名称、姓名、邮箱等信息，

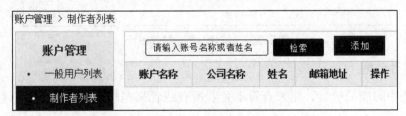

图 5-389　账户管理—制作者列表

(2)Step2　保存

如图5-390所示，输入完成后，点击"保存"按钮。

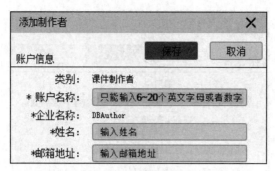

图5-390　添加制作者

2.检索、编辑、删除制作者账户

如图5-391所示，点击制作者后方"编辑""删除"按钮，进行编辑制作者信息、删除操作。点击制作者后方"重置密码"按钮，发送密码重置操作邮件。用户可以输入账户名称，进行检索，支持模糊检索功能。

图5-391　账户管理—制作者列表

七、功能模块"统计分析"

1.终端统计分析

统计分析中的终端统计的功能为按照地区、企业查看前台移动端APP安装情况，具体操作方法如下。

如图5-392所示，进入"统计分析"→"终端统计"，选择"企业"，查看本企业iOS、Android移动端APP安装数量。选择"地区"，查看不同地区iOS、Android移动端APP安装数量。

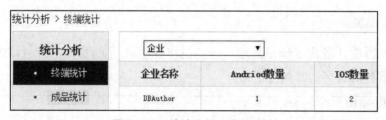

图5-392　统计分析—终端统计

2.成品统计分析

统计分析中的成品统计，用来查看本企业所有或者某本超媒体电子书前台移动端下载、阅读情况。具体操作方法如下。

如图5-393所示，进入"统计分析"→"成品统计"界面，查看本企业所有超媒体电子书前台移动端下载、阅读情况。用户可以输入成品名称，进行检索查询，支持模糊检索功能。

图5-393 统计分析—成品统计

课堂总结

在后期进行电子书内容管理，此节内容可以作为功能指导手册。

练习与答案

练习

1.如何为制作者增开账户？

2.如果忘记登录密码该如何操作？

3.统计分析共分为哪几种？

答案

1.添加制作者账户

首先，进入"账户管理"的"制作者列表"页面，点击"添加账户"按钮，依次输入账户名称、姓名、邮箱等信息。然后，输入完成后，点击"保存"按钮。

2.点击"忘记密码"按钮，依次输入正确的用户名或者邮箱、验证码点击"下一步"按钮，密码重置链接将发送到填写的邮箱中。登录邮箱，点击密码重置链接，依次输入密码、确认密码，点击"发送"按钮，密码重置成功。

3.两种，统计分析—终端统计、统计分析—成品统计。

第六章　DreamBook Author实践操作——案例篇

前面几章详细介绍了DreamBook Author的界面，以及界面所包含的具体功能点。在第六章，我们将通过详细的案例讲解电子书的制作过程。本章将从理论学习上升为实践操作，进一步对所学的内容进行回顾和复习。本章前14个案例为基本功能操作案例，后16个案例为进阶操作案例，难度将有所提升。学习者可按照案例顺序进行学习，循序渐进地掌握本章中的知识要点和难点，由简至难地完成全部内容的学习。学习本章内容后所累积的操作经验，能够更好地帮助学习者实现未来各种数媒创意。

本章所有的案例素材均可在封底附注的网址中获取。请在学习前，将相关的案例素材拷贝至计算机中。

本章中的案例，可以通过"追梦布客"应用程序进行查阅。用户可扫描下方二维码，如图6-1所示获取"追梦布客"应用程序。安装成功后，打开应用程序并使用主界面右上角的"扫一扫"功能，通过扫码下载案例进行查阅。已下载完成的案例在离线状态下也能够进行查阅。

图6-1　追梦布客APP下载二维码

第一节　入门案例

一、案例1　含有音频的页面制作

音乐能够调动人的情绪，在电子书中加入音乐的形式已越来越多地被大众认可和接受。本案例中将详尽描述加入音频的页面制作过程，可帮助学习者将此功能运用到未来的电子书创意制作中。

本章的素材放置于"第六章→音频"文件夹中。完成后的页面样式如图6-2所示，可打开追梦布客APP，点击其扫一扫按钮，扫描如图6-3所示二维码以查看案例1的动态效果。

图6-2　案例1效果图

图6-3　案例1二维码

1.Step1　新建项目

如图6-4所示，新建一个命名为"音频案例"的项目。在新建项目菜单中，输入项目名称、保存路径、文档类型和方向、分辨率信息后，点击"确定"按钮保存信息。

2.Step2　资源库管理

打开资源库菜单，将如图6-5所示的素材全部导入资源库中。

3.Step3　放置参考图

如图6-6所示，参照图在实际制

图6-4　新建项目

作中仅起到参照作用。一般参照图为当前页面的等比例平面图片文件，同样需要在资源库中进行提取设置。有了参照图就如工程有了蓝本，它对电子书的效果呈现能起到规范指导作用。因此，此步骤虽不涉及电子书的直接制作内容，但为了最终呈现效果和遵守制作规范，尽量不要忽略此步骤。

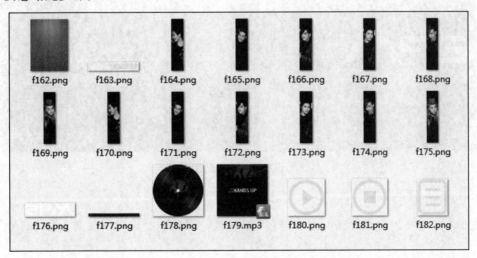

图6-5　素材

图6-6　参照图为图片格式文件

4.Step4　提取素材

从资源库将制作素材设置到页面后，就真正开始制作电子书了。设置制作素材的步骤："资源库"→"选中素材"→"设置文件"。例如，在资源库中选择背景图片文件后，点击设置文件按钮，即可将背景图片加载到页面中。若素材置入后的位置与参照图不符，须严格按照参照图手动调整素材位置。如图6-7所示，置入当前页面的制作素材可在对象列表窗口查看。点击对象列表中的素材名称，可在页面中查看对应的内容。

5.Step5　添加音频

图片素材设置妥当后，需要加入本案例中的核心元素——音频文件。操作步骤：选择"对象工具"→"音频"，加入音频对象。点击对象工具中的音频后，仅仅是在画面中创建了音频对象，但还未真正置入音频文件。因此，使用者需要在元素窗口，添加音频文件，如图6-8所示。音频文件加入后，画面上并无任何显示。如果该页面需要播放音频的话，需要另外通过事件动作编辑。

图6-7　提取素材

6.Step6　创建动画1

通过预览效果，会发现在页面中包含3段动画，因此在制作时需要对3段动画分别进行创建。

首先，创建第1段动画，点击播放按钮，页面上的唱片开始360°转动。操作步骤如下。

（1）新建动画

选中唱片，创建动画并将其命名为唱片动画，如图6-9所示。

图6-8　音频添加　　　　　　　　　　　　　图6-9　创建动画

（2）设置关键帧1

先在通用属性窗口中将其轴心坐标修改为（101.5，101，0），鼠标点击"变换"行中0秒处，点击 插入关键帧按钮，加入关键帧。

（3）设置关键帧2

鼠标点击"变换"行中2秒处，将属性—通用窗口中的Z轴参数设置为360，如图6-10所示。参数修改后，点击 插入关键帧按钮，在2秒处插入关键帧。

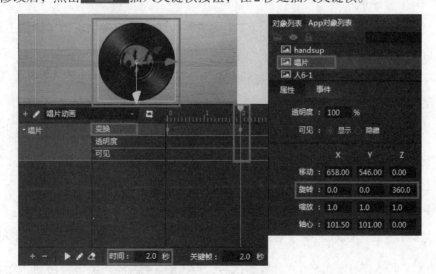

图6-10　唱片动画

（4）设置重复动画

由于唱片需要不停转动，因此必须点选重复按钮，如图6-11所示。

图6-11　重复按钮

7.Step7　创建动画2

接下来，创建第2段动画，点击信息按钮，弹出音频介绍内容。操作步骤如下。

（1）新建动画

选中弹出内容（组），创建动画并将其命名为弹出动画。

（2）设置关键帧1

选中弹出内容（组），在通用属性窗口中将其轴心坐标修改为（515.24，372.9，0），缩放参数均设置为0.1，并将透明度调至0。接下来，鼠标点击0秒处，同时选中"变换"行和"透明度"行，点击插入关键帧按钮，加入关键帧，如图6-12所示。

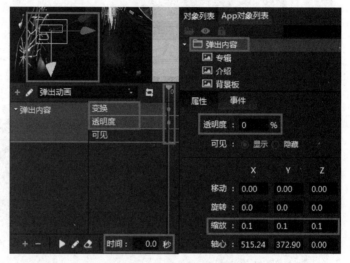

图6-12　弹出动画关键帧1

（3）设置关键帧2

鼠标点击1秒处，同时选中"变换"行和"透明度"行，将通用属性窗口中的缩放参数均设置为1，并将透明度调至100。参数修改后，点击插入关键帧按钮，在1秒处插入关键帧。

8.Step8　创建动画3

最后，创建第3段动画，点击弹出窗口上的关闭按钮，关闭弹出窗口。操作步骤如下。

（1）新建动画

选中弹出内容（组），创建动画并将其命名为关闭动画。

（2）设置关键帧

鼠标点击0秒处，同时选中"变换"行和"透明度"行，将通用属性窗口中的缩放参数均设置为1，并将透明度调至100。参数确认后，点击插入关键帧按钮，在0秒处插入关键帧。

（3）设置关键帧2

鼠标点击1秒处，同时选中"变换"行和"透明度"行，将通用属性窗口中的缩放参数均设置为0.1，并将透明度调至0。参数确认后，点击插入关键帧按钮，在1秒处插入关键帧。

9.Step9　事件动作设置

事件动作编辑可把图片、动画、视频、音频等有效地连接起来，形成效果丰富的呈现形式。在这个案例中，预览的最终效果可帮助使用者发现事件的触发点。例如，音频播放需要点击播放按钮进行功能触发。点击后，播放按钮状态发生变化，并且唱片开始旋转。点击暂停按钮，按钮状态同样发生变化，音频停止且唱片也暂停旋转。点击信息按钮触发信息展示窗口弹出，点击关闭按钮后则触发信息展示窗口关闭。根据这些，可以开始进行事件动作编辑。

（1）对播放按钮的事件动作设置

如图6-13所示，选中播放按钮，在事件窗口中添加事件和动作。

（2）对暂停按钮的事件动作设置

如图6-14所示，选中暂停按钮，对暂停按钮的事件动作编辑。

（3）对信息按钮的事件动作设置

如图6-15所示，选中信息按钮，对信息按钮的事件动作编辑。

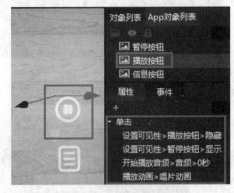

图6-13　播放按钮添加事件动作

图6-14　暂停按钮添加事件动作

图6-15　信息按钮添加事件动作

（4）关闭弹出窗口的事件动作设置

在这里，需要先创建矩形，给弹出窗口的关闭图形进行点击热区的创建。

在对象栏中点击矩形，将创建的矩形透明度调整为0，如图6-16所示。

设置好矩形的参数后，对其进行事件动作编辑，如图6-17所示。

图6-16　创建矩形

图6-17　矩形添加事件动作

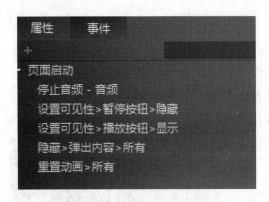

图6-18 页面添加事件动作

（5）页面的事件动作设置

给元素添加好事件动作后，为保证电子书的交互逻辑性，需要给页面添加事件动作编辑，如图6-18所示。

10.Step10 文档设置

如图6-19所示，选择杂志模式、水平方向、宽度1024、高度768。确认无误后，点击"确定"保存设置。

图6-19 文档设置菜单

11.Step11 模板设置

模板设置可对制作的页面进行整合。只有整合后的页面，才可以在预览中查看到内容和效果。因此，完成页面内容的制作后，需要及时对模板进行设置。如图6-20所示，新建文章，并将"页面"添加到文章中。主页功能设置为"退出"，点击"确定"保存设置，完成场景缩略图的生成。

12.Step12 预览及调整

当以上所有的步骤都制作完成后，就可以对制作的电子书页面进行预览了。当然，在制作过程中，也可以进行文档和模板设置。经常预览可以及时发现制作中问题，有利于提高电子书的制作质量。如果页面中有卡顿或功能连接不顺的情况，则需要及时调整。只有经过不断优化，成品才会显示出精致的视觉效果，为读者带来良好的阅读体验。

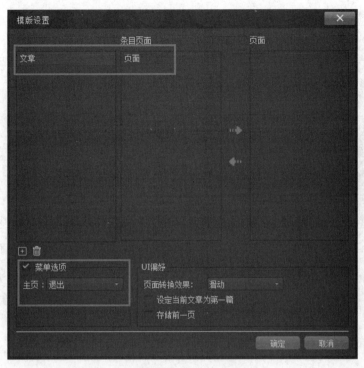

图6-20　模板设置菜单

13.Step13　发布

点击主菜单上的"文件"→"发布"→"发布成 DreamBook Author 文档",打开发布菜单。在发布菜单中,填写相关内容,并点击"导出"按钮进行发布。

二、案例2　含有图片的页面制作

本章节的素材放置于"第六章→图片"文件夹中。完成后的页面样式如图6-21所示,可打开追梦布客 APP,点击其扫一扫按钮,扫描如图6-22所示二维码查看案例2的动态效果。

图6-21　案例2效果图

图6-22　案例2二维码

1.Step1　新建项目

如图6-23所示,新建一个命名为"图片案例"的项目。在新建项目菜单中,输入项目名称、保存路径、文档类型和方向、分辨率信息以后,点击"确定"按钮保存信息。

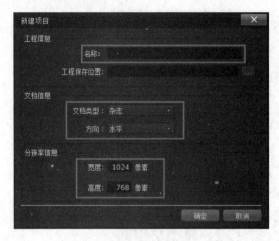

图6-23　新建项目

2.Step2　资源库管理

打开资源库菜单，并将素材全部导入资源库中。

3.Step3　添加参照图

参照图在实际制作中仅起到参照作用。一般参照图为当前页面的等比例平面图片文件，同样需要在资源库中进行提取设置。有了参照图就如工程有了蓝本，它对电子书的效果呈现可起到规范指导的作用。因此，此步骤虽不涉及电子书的直接制作内容，但为了最终呈现效果和遵守制作规范，尽量不要忽略此步骤。

4.Step4　提取素材

从资源库将制作素材设置到页面后，就真正开始制作电子书了。设置制作素材的步骤："资源库"→"选中素材"→"设置文件"。例如，在资源库中选择背景图片文件后，点击设置文件按钮，即可将背景图片加载到页面中。若素材置入后的位置与参照图不符，须严格按照参照图手动调整素材位置。置入当前页面的制作素材可在对象列表窗口查看。点击对象列表中的素材名称，可在页面中查看对应内容。

5.Step5　图片翻转动画制作

想要获取更加丰富的效果，需要对对象进行动画和事件功能的添加。

在本案例中，页面点击图片区域后触发图片翻转，并显示详述文字。再点击，则回到初始状态。翻转的动态效果是通过动画制作创建的，而翻转功能则通过创建事件动作进行触发。为实现该案例的最终效果，首先需要对对象素材进行动画创建。

创建动画并将其命名为旋转1，如图6-24所示，旋转1为点击对象素材"简单性1"后触发的动画。

图6-24　新建动画

选中对象列表中名为"简单性1"的素材对象，调整其轴心位置。可在通用属性窗口的轴心中进行参数调整，精确轴心位置处在对象中心，如图6-25所示。按照上述方法调整对象列表中名为"简单性2"素材对象的轴心位置。

调整好轴心位置后，就可以创建翻转1的动画效果了。在这里，翻转1的动作包含"简单性1"和"简单性2"两个对象素材的动画创建。首先，进行"简单性1"的动画创建。

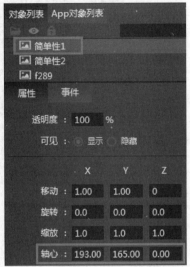

（1）在旋转1动画中给对象"简单性1"创建动画

给"简单性1"创建时间轴，同时选中变换行和透明度行。在时间轴0秒处点击 插入关键帧，参数值如图6-26所示。

接着定位到时间轴0.5秒处，调整通用属性窗口内的参数，将透明度调整为0，旋转项X轴参数值调整为180后，如图6-27所示。点击 插入关键帧。

图6-25 轴心调整

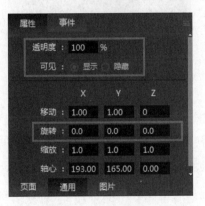

图6-26 参数调整

图6-27 参数调整

最后，在可见行中的0.4秒处插入参数值为可见的关键帧。在0.5秒处，插入参数值为不可见的关键帧，如图6-28所示。

　　技巧提示：前面一张图需要在最后一帧时设置可见性为隐藏翻转后方能点击后面一张图进行触发。

（2）在旋转1动画中给对象"简单性2"创建动画

给"简单性2"创建时间轴，同时选中变换行和透明度，定位于时间轴0秒处。调整通用属性窗口参数，将透明度调整为0。旋转项X轴参数值调整为-180后，点击 插入关键帧，参数值如图6-29所示。

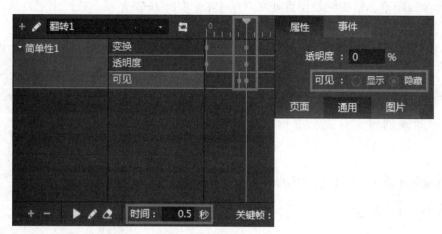

图6-28　调整可见性—显示

接着，定位到时间轴0.5秒处。调整通用属性窗口参数，将透明度调整为100，旋转项X轴参数值调整为0后，如图6-30所示。点击 插入关键帧。

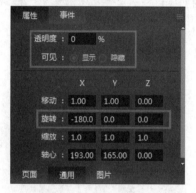

图6-29　参数调整

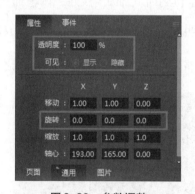

图6-30　参数调整

翻转1动画播放后，为了让页面回到触发前的初始状态，需要对翻转后的内容页面对象再次创建动画。只有创建完成后并在事件动作设置下，才可触发页面回到初始状态。回到初识状态的动画描述：点击"简单性2"对象素材，则"简单性1""简单性2"对象素材继续翻转回到初始状态。操作步骤：创建动画并将其命名为旋转2，旋转2为点击对象素材"简单性2"后触发的动画。

（3）在旋转2动画中给对象"简单性1"创建动画

给"简单性1"创建时间轴，同时选中变换行和透明度行。定位在时间轴0秒处，调整通用属性窗口参数，将透明度调整为0，旋转项X轴参数值调整为-180后，点击 插入关键帧，参数值如图6-31所示。

接着定位到时间轴0.5秒处，调整通用属性窗口参数，将透明度调整为100，旋转项X轴参数值调整为0后，如图6-32所示。点击 插入关键帧。

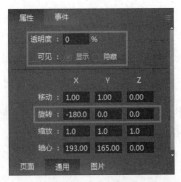

图6-31　参数调整

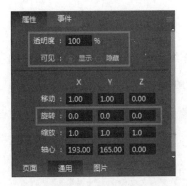

图6-32　参数调整

最后，在可见行中的0秒处插入参数值为隐藏的关键帧，在0.1秒处插入参数值为显示的关键帧，如图6-33所示。

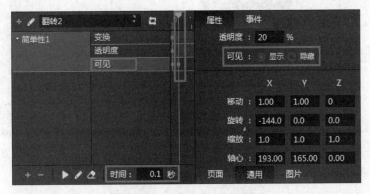

图6-33　设置可见性—显示

（4）在旋转2动画中给对象"简单性2"创建动画

给"简单性2"创建时间轴，同时选中变换行和透明度。定位于时间轴0秒处，调整通用属性窗口窗口参数，将透明度调整为100。旋转项X轴参数值调整为0后，点击 ▶✎◆ 插入关键帧，参数值如图6-34所示。

接着定位到时间轴0.5秒处，调整通用属性窗口参数。将透明度调整为0，旋转项X轴参数值调整为180后，如图6-35所示。点击 ▶✎◆ 插入关键帧。

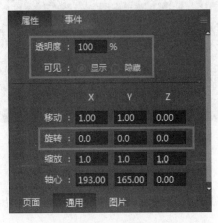

图6-34　参数调整

图6-35　参数调整

按照上述操作步骤，对页面中其他对象元素加入动画和事件动作，完成案例。

6.Step6 事件动作设置

事件动作编辑可把图片、动画、视频和音频等有效连接起来，形成效果丰富的呈现形式。

（1）"简单性1"的事件动作设置

选中对象素材"简单性1"，在事件窗口创建事件动作。"简单性1"的事件动作设置如图6-36所示。

（2）"简单性2"的事件动作设置

选中对象素材"简单性2"，在事件窗口创建事件动作。"简单性2"的事件动作设置如图6-37所示。

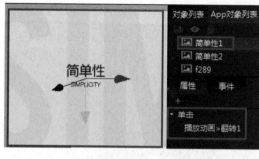

图6-36　事件动作设置1　　　　　　　　　图6-37　事件动作设置2

（3）页面的事件动作编辑

给元素添加好事件动作后，为保证电子书的交互逻辑性，需要给页面添加事件动作编辑，添加页面事件，如图如图6-38所示。

7.Step7 文档设置

如图6-39所示，选择杂志模式、水平方向、宽度1024、高度768。确认无误后，点击"确定"保存设置。

图6-38　页面事件动作设置　　　　　　　图6-39　文档设置菜单

8.Step8 模板设置

如图6-40所示，新建文章，并将"页面"添加到文章中。主页功能设置为"退出"，点击"确定"保存设置，并完成场景缩略图的生成。

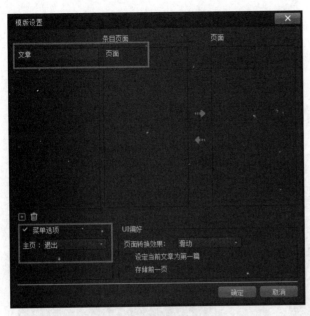

图6-40 模板设置菜单

填写相关内容，并点击"导出"按钮进行发布。

9.Step9 预览及调整

制作完成之后，需要对整体内容进行预览，以保证所有设置正确且能流畅运行。如果其中有些卡顿或功能连接不顺的情况，则需要进行调整。只有经过不断调整之后，页面才会显示出精致的效果。

10.Step10 打包发布

点击主菜单上的"文件"→"发布"→"发布成DreamBook Author文档"，打开发布菜单。在发布菜单中，

三、案例3 含有矩形的页面制作

本章节的素材放置于"第六章→矩形"文件夹中。完成后的页面样式如图6-41所示，可打开追梦布客APP。点击其扫一扫按钮，扫描如图6-42所示二维码，查看案例3的动态效果。

图6-41 案例3效果图

图6-42 案例3二维码

1.Step1 新建项目

如图6-43所示，新建一个命名为"矩形"的项目。在新建项目菜单中，输入项目名称、保存路径、文档类型和方向、分辨率信息以后，点击"确定"按钮保存信息。

2.Step2 资源库管理

打开资源库菜单，并将素材全部导入资源库中。

3.Step3 新建页面

按钮点击后，呈现效果为页面跳转。因此，需要做1个首页及4个跳转后的页面，如图6-44所示。

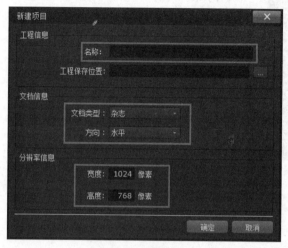

图6-43 新建项目

图6-44 新建页面

4.Step4 添加参照图

参照图在实际制作中仅起到参照作用。一般参照图为当前页面的等比例平面图片文件，同样需要在资源库中进行提取设置。有了参照图就如工程有了蓝本，它对电子书的效果呈现可起到规范指导的作用。因此，此步骤虽不涉及电子书的直接制作内容，但为了最终呈现效果和遵守制作规范，尽量不要忽略此步骤。

5.Step5 提取素材

从资源库将制作素材设置到页面后，即可开始制作电子书。设置制作素材的步骤："资源库"→"选中素材"→"设置文件"。例如，在资源库中，选择背景图片文件后，点击设置文件按钮，即可将背景图片即加载到页面中。若素材置入后的位置与参照图不符，则需要严格按照参照图手动调整素材位置。置入当前页面的制作素材可在对象列表窗口查看。点击对象列表中的素材名称，可在页面中查看对应内容。

6.Step6 添加矩形

很多时候，由于素材的局限性，当无法对素材进行精确的事件动作时，就需要添加矩形进行动作区域的划分，即操作热区选定。通过建立矩形热区，并对矩形添加相应的事件动作触发交互，可以素材局限性带来的触发问题。本案例中，在对象创建栏中选择 图标，将其移动到如图6-45所示的位置上。调整矩形的大小以保证矩形完全覆盖按钮图片区域，并将矩形透明度设置为0。

按照上述操作步骤和方法继续创建矩形并覆盖到后面的按钮位置，还可以通过复制第一个矩形后移动并分别覆盖到后面三个按键位置。

7.Step7 事件动作设置

（1）"简单性1"的事件动作设置

选择1个矩形，加入事件动作，具体参数设置如如图6-46所示。按照此步骤给后面几个矩形分别加入事件动作。

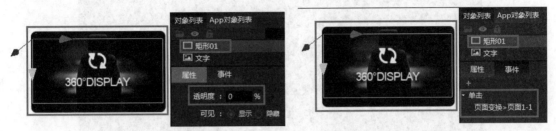

图6-45 添加矩形　　　　　　　图6-46 事件动作编辑1

（2）矩形的事件动作设置

在跳转页上设置矩形的事件动作，选中矩形，进行事件动作编辑，具体参数如图6-47所示，点击后返回菜单页面。

（3）页面的事件动作设置

给元素添加了事件动作后，为保证电子书的交互逻辑性，需要给页面添加事件动作编辑，添加页面事件，如图6-48所示。

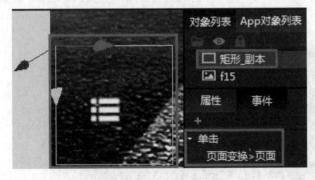 

图6-47 事件动作设置2　　　　　　　图6-48 页面事件动作设置

8.Step8 文档设置

如图6-49所示，选择杂志模式、水平方向、宽度1024、高度768。确认无误后，点击"确定"保存设置。

9.Step9 模板设置

如图6-50所示，新建文章，并将"页面"添加到文章中。在文章下方添加一文章，但对应的条目页面中为空白。之后，再顺序添加其他文章，并修改页面名为跳转页1、跳转页2、跳转页3和跳转页4。将页面1-1、页面1-2、页面1-3、页面1-4与跳转页按顺序对应起来。主页功能设置为"退出"，点击"确定"保存设置，并完成场景缩略图的生成。

技巧提示：当文章间出现空白页（断页），使两个页面间必须通过点击按钮才能进行切换。

图6-49　文档设置菜单

10.Step10　预览和调整

　　制作完成之后，需要对整体内容进行预览，以保证所有设置正确且能流畅运行。如果其中有些卡顿或功能连接不顺的情况，则需要进行调整。只有经过不断调整之后，页面才会显示出精致的效果。

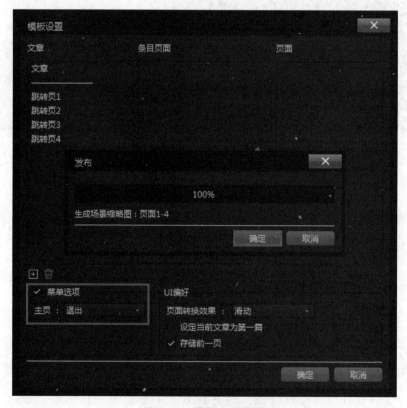

图6-50　模板设置菜单

11.Step11　打包发布

点击主菜单上的"文件"→"发布"→"发布成 DreamBook Author 文档",打开发布菜单。在发布菜单中,填写相关内容,并点击"导出"按钮进行发布。

四、案例4　含有视频的页面制作

本章节的素材放置于"第六章→视频"文件夹中,完成后的页面样式如图6-51所示。可打开追梦布客 APP,点击其扫一扫按钮。扫描如图6-52所示二维码,查看案例4的动态效果。

图6-51　案例4效果图　　　　　　　　　图6-52　案例4二维码

1.Step1　新建项目

如图6-53所示,新建一个命名为"视频"的项目。在新建项目菜单中输入项目名称、保存路径、文档类型和方向、分辨率等信息以后,点击"确定"按钮保存信息。

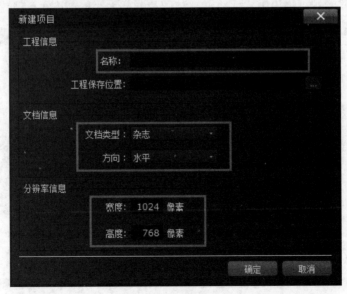

图6-53　新建项目

2.Step2　资源库管理

打开资源库菜单，并将素材全部导入资源库中。

3.Step3　添加参照图

参照图在实际制作中仅起到参照作用。一般参照图为当前页面的等比例平面图片文件，同样需要在资源库中进行提取设置。有了参照图就如工程有了蓝本，它对电子书的效果呈现可起到规范指导的作用。因此此步骤虽不涉及电子书的直接制作内容，但为了最终呈现效果和遵守制作规范，尽量不要忽略此步骤。

4.Step4　提取素材

从资源库将制作素材设置到页面后，即可开始制作电子书。设置制作素材的步骤："资源库"→"选中素材"→"设置文件"。例如，在资源库中，选择背景图片文件后，点击设置文件按钮，即可将背景图片加载到页面中。若素材置入后的位置与参照图不符，则需要严格按照参照图手动调整素材位置。置入当前页面的制作素材可在对象列表窗口查看。点击对象列表中的素材名称，可在页面中查看对应内容。

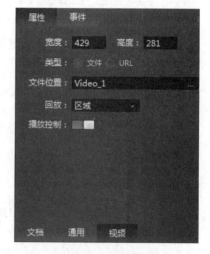

5.Step5　添加视频

视频的添加步骤与音频类似，同样需要到对象工具中选择功能，并到元素窗口加载视频文件，如图6-54所示。

加载完成的视频不会在页面上显示画面。如果需要表示此处有视频，则需要在视频位置上添加一张视频截图图片进行组合。

图6-54　添加视频

视频加载后，页面仅显示一个红色图框，代表视频播放窗口的大小，可进行拉伸缩放。在这里，我们需要将视频播放窗口大小调整与图片同样大小，如图6-55所示。

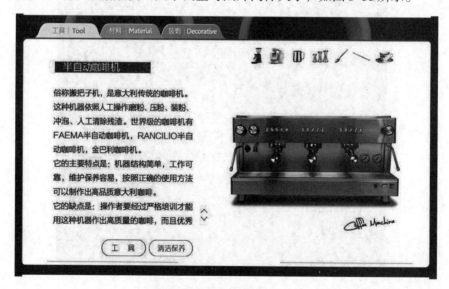

图6-55　调整视频窗口大小

6.Step6 事件动作设置

（1）视频播放事件动作编辑

视频加载完后，也需要添加事件动作对视频的播放进行触发。

播放逻辑描述：页面开始，显示视频截图与播放视频按钮；点击按钮后视频开始播放；关闭播放视频，则回到初始状态。根据以上逻辑，进行事件动作编辑。

视频是由按钮进行触发的，因此点击选择播放对象素材 ▶ 后，在事件窗口中创建相应的事件动作。具体参数设置如图6-56所示。

（2）页面的事件动作编辑

给元素添加好事件动作后，为保证电子书的交互逻辑性，需要给页面添加事件动作编辑，添加页面事件。对页面进行的事件动作编辑，具体参数调整如图6-57所示。

图6-56 事件动作设置

图6-57 页面事件动作设置

7.Step7 文档设置

如图6-58所示，选择杂志模式、水平方向、宽度1024、高度768。确认无误后，点击"确定"保存设置。

图6-58 文档设置菜单

8.Step8 模板设置

如图6-59所示，新建文章，并将"页面"添加到文章中。主页功能设置为"退出"，点击"确定"保存设置，并完成场景缩略图的生成。

9.Step9 预览及调整

制作完成之后，需要对整体内容进行预览，以保证所有设置正确且能流畅运行。如果其中有些卡顿或功能连接不顺，则需要进行调整。只有经过不断调整之后，页面才会显示出精致的效果。

10.Step10 打包发布

点击主菜单上的"文件"→"发布"→"发布成 DreamBook Author 文档"，打开发布菜单。在发布菜单中，填写相关内容，并点击"导出"按钮进行发布。

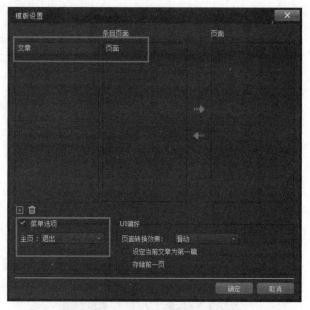

图6-59　文档设置菜单

五、案例5 含有按钮的页面制作

本章节的素材放置于"第六章→按钮"文件夹中，完成后的页面样式如图6-60所示。可打开追梦布客APP，点击其扫一扫按钮。扫描如图6-61所示二维码，可查看案例5的动态效果。

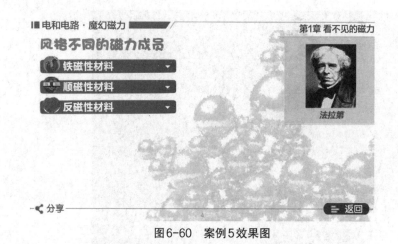

图6-60　案例5效果图　　　　　　　图6-61　案例5二维码

1.Step1 新建项目

如图6-62所示，新建一个命名为"按钮"的项目。在新建项目菜单中，输入项目名称、保存路径、文档类型和方向、分辨率信息以后，点击"确定"按钮保存信息。

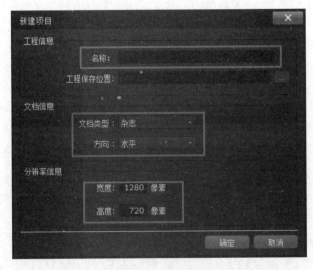

图6-62　新建项目

2.Step2　资源库管理

打开资源库菜单，并将素材全部导入资源库中。

3.Step3　添加参照图

参照图在实际制作中仅起到参照作用。一般参照图为当前页面的等比例平面图片文件，同样需要在资源库中进行提取设置。有了参照图就如工程有了蓝本，它对电子书的效果呈现起到了规范指导的作用。因此，此步骤虽不涉及电子书的直接制作内容，但为了最终呈现效果和遵守制作规范，尽量不要忽略此步骤。

4.Step4　提取素材

从资源库将制作素材设置到页面后，即可开始制作电子书。设置制作素材的步骤："资源库"→"选中素材"→"设置文件"。例如，如图6-63所示，在资源库中选择背景图片文件后，点击设置文件按钮，背景图片即加载到页面中。若素材置入后的位置与参照图不符，则需要严格按照参照图手动调整素材位置。置入当前页面的制作素材可在对象列表窗口查看。点击对象列表中的素材名称，可在页面中查看对应内容。

5.Step5　添加按钮

点击垂直工具栏中的按钮工具图标进行添加，如图6-64所示。

资源类型	资源ID	资源名称	资源路径	资源状态
Image	Image_1		Res/Imag....net.png	OK
Image	Image_2		Res/Image/f51.png	OK
Image	Image_3		Res/Image/f52.png	OK
Image	Image_4		Res/Image/f106.png	OK
Image	Image_5		Res/Image/f107.png	OK
Image	Image_6		Res/Image/f108.png	OK
Image	Image_7		Res/Image/f109.png	OK
Image	Image_8		Res/Image/f110.png	OK
Image	Image_9		Res/Image/f111.png	OK

图6-63　素材添加

使用按钮对象进行制作的按钮，可以直接添加默认状态下与点击状态下的样式，如图6-65所示。从素材库中选择合适的素材图片，点击"确认"创建按钮。

图6-64　选择按钮对象

图6-65　创建按钮

6.Step6　事件动作编辑

首先，要知道整个页面的触发逻辑，然后再进行事件动作编辑。

本案例的触发逻辑：点击第一个蓝色条目，下方出现答案；点击答案上的按钮，关闭答案部分。根据此逻辑进行对象的事件动作创建，并调整相应参数。

（1）图片对象事件动作设置

选中　铁磁性材料　进行事件动作编辑，具体参数设置如下，如图6-66所示。

（2）按钮对象事件动作设置

接着对按钮进行事件动作编辑，具体参数设置如下，如图6-67所示。

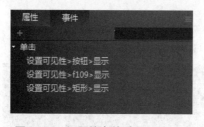

图6-66　问题的事件动作设置

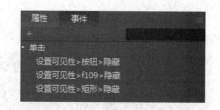

图6-67　按钮的事件动作设置

按照这个步骤设置其余两个问题的弹出答案及关闭答案的事件动作编辑。

（3）页面事件动作编辑

页面初始是看不见答案部分的，因此需要对页面进行事件动作编辑。具体参数设置如图6-68所示。

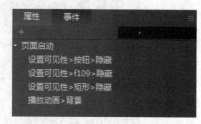

图6-68　页面事件动作设置

7.Step7　文档设置

如图6-69所示，选择杂志模式、水平方向、宽度1280、高度720。确认无误后，点击"确定"保存设置。

图6-69 文档编辑菜单

8.Step8 文档设置

如图6-70所示，新建文章，并将"页面"添加到文章中。主页功能设置为"退出"，点击"确定"保存设置，并完成场景缩略图的生成。

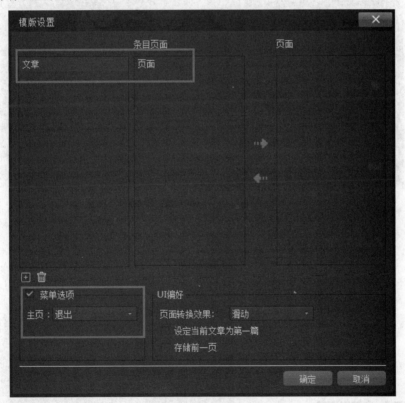

图6-70 模板设置菜单

9.Step9 预览及调整

制作完成之后，需要对整体内容进行预览，以保证所有设置正确且能流畅运行。如果其中有些卡顿或功能连接不顺的情况，则需要进行调整。只有经过不断调整之后，页面才会显示出精致的效果。

10.Step10 打包发布

点击主菜单上的"文件"→"发布"→"发布成 DreamBook Author 文档",打开发布菜单。在发布菜单中,填写相关内容,并点击"导出"按钮进行发布。

六、案例6 含有序列动画的页面制作

本章节的素材放置于"第六章→序列动画"文件夹中。完成后的页面样式如图 6-71 所示。可打开追梦布客 APP,点击其扫一扫按钮,扫描如图 6-72 所示二维码,查看案例6的动态效果。

图6-71　案例6效果图

1.Step1 新建项目

如图6-73所示,新建一个命名为"序列动画"的项目。在新建项目菜单中,输入项目名称、保存路径、文档类型和方向、分辨率信息以后,点击"确定"按钮保存信息。

图6-72　案例6二维码

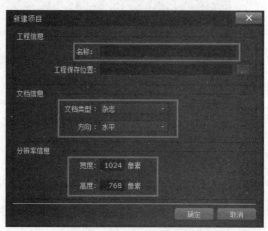

图6-73　新建项目

2.Step2　资源库管理

打开资源库菜单，并将素材全部导入资源库中。

3.Step3　添加参照图

参照图在实际制作中仅起到参照作用。一般参照图为当前页面的等比例平面图片文件，同样需要在资源库中进行提取设置。有了参照图就如工程有了蓝本，它对电子书的效果呈现起到规范指导作用。因此，此步骤虽不是电子书的直接制作内容，但为了最终呈现效果和遵守制作规范，尽量不要忽略此步骤。

4.Step4　提取素材

从资源库将制作素材设置到页面后，即可开始制作电子书。设置制作素材的步骤："资源库"→选中素材→设置文件。例如，在资源库中，选择背景图片文件后，点击设置文件按钮，背景图片即加载到页面中。若素材置入后的位置与参照图不符，则需要严格按照参照图手动调整素材位置。置入当前页面的制作素材可在对象列表窗口查看。点击对象列表中的素材名称，可在页面中查看对应内容。

5.Step5　添加序列动画

序列动画是由连续的图片组成的动画。添加序列动画的步骤：序列动画→添加文件→确认，即可添加到页面上，如图6-74所示。

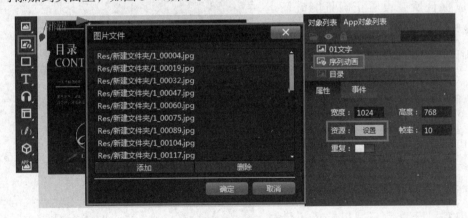

图6-74　序列动画

6.Step6　调整顺序

调整素材对象顺序，将序列动画置于倒数第三层，如图6-75所示。

调整后，不会影响前方按钮的功能。

7.Step7　事件动作设置

在页面启动时，需要播放序列动画，因此需要对页面进行事件动作编辑。具体设置参数如图6-76所示。

图6-75 调整顺序

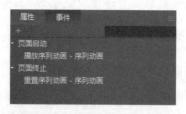

图6-76 页面事件动作设置

8.Step8 文档设置

如图6-77所示,选择杂志模式、水平方向、宽度1024、高度768。确认无误后,点击"确定"保存设置。

9.Step9 模板设置

如图6-78所示,新建文章,并将"页面"添加到文章中,主页功能设置为"退出"。点击"确定"保存设置,并完成场景缩略图的生成。

图6-77 文档设置菜单

10.Step10 预览及调整

制作完成之后,需要对整体内容进行预览,以保证所有设置正确且能流畅运行。如果其中有些卡顿或功能连接不顺的现象,则需要进行调整。只有经过不断调整之后,页面才会显示出精致的效果。

11.Step11 打包发布

点击主菜单上的"文件"→"发布"→"发布成 DreamBook Author 文档",打开发布菜单。在发布菜单中,填写相关内容,并点击"导出"按钮进行发布。

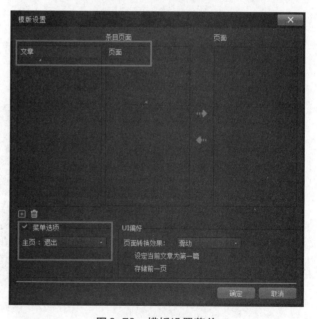

图6-78 模板设置菜单

七、案例7 含有图片切换的页面制作

本章节的素材放置于"第六章→图片切换"文件夹中。完成后的页面样式如图6-79所示。可打开追梦布客APP,点击其扫一扫按钮,扫描如图6-80所示二维码,查看案例7的动态效果。

1.Step1 新建项目

如图6-81所示,新建一个命名为"图片切换"的项目。在新建项目菜单中,输入项目名称、保存路径、文档类型和方向、分辨率信息以后，点击"确定"按钮保存信息。

2.Step2　资源库管理

打开资源库菜单，并将素材全部导入资源库中。

图6-79　案例7效果图

图6-80　案例7二维码

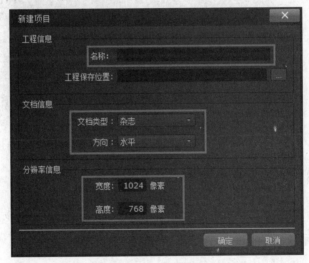

图6-81　新建项目

3.Step3　添加参照图

参照图在实际制作中仅起到参照作用。一般参照图为当前页面的等比例平面图片文件，同样需要在资源库中进行提取设置。有了参照图就如工程有了蓝本，它对电子书的效果呈现起到规范指导作用。因此，此步骤虽不是电子书的直接制作内容，但为了最终呈现效果和遵守制作规范，尽量不要忽略此步骤。

4.Step4　提取素材

从资源库将制作素材设置到页面后，即可开始制作电子书。如图6-82所示，设置制作素材的步骤："资源库"→"选中素材"→"设置文件"。例如，在资源库中，选择背景图片文

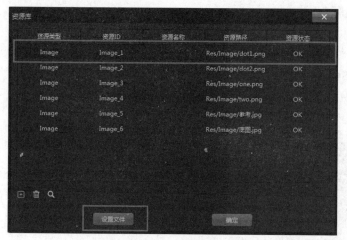

图6-82　素材添加

件后，点击设置文件按钮，背景图片即加载到页面中。若素材置入后的位置与参照图不符，则需要严格按照参照图手动调整素材位置。置入当前页面的制作素材可在对象列表窗口查看。点击对象列表中的素材名称，可在页面中查看对应内容。

5.Step5　加入图片切换内容

图片切换的内容需要通过对象工具进行加载，在资源库菜单中选择需要进行图片切换的素材，点击确认即可加载，如图6-83所示。

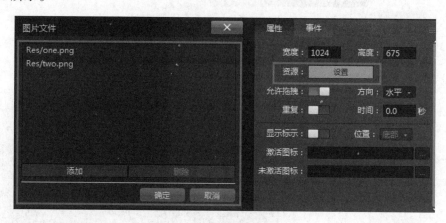

图6-83　图片切换内容添加

6.Step6　加入底部标签

由于图片切换自带的标签位置有局限性，因此如将标签放置在特定的位置，则需要另外制作标签，并通过事件动作进行控制。

首先，点击图片工具图标，在页面上加入标签的素材，参照案例放置在适当的位置，如图6-84所示。

7.Step7　事件动作编辑

（1）对页面切换进行事件编辑

选中页面切换后增加事件，如图6-85所示设置页面转换事件。需要分别设置索引0、索引1。

技巧提示：页面中的索引属性功能可使用数字将页面转换中的页面进行排序，数字从0开始递增。

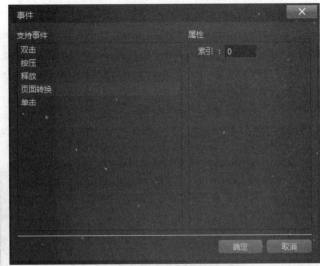

图6-85　事件动作设置1

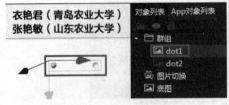

图6-84　标签图片添加

对索引0、索引1分别加入相应动作，具体参数如图6-86所示。

（2）页面启动时的事件动作编辑

需要对页面启动加入事件动作编辑，保证页面中所有的动作有起始控制。具体参数如图6-87所示。

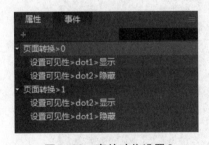

图6-86　事件动作设置2

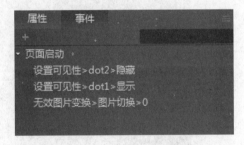

图6-87　页面事件动作设置

8.Step8　文档设置

如图6-88所示，选择杂志模式、水平方向、宽度1024、高度768。确认无误后，点击"确定"保存设置。

9.Step9　模板设置

如图6-89所示，新建文章，并将"页面"添加到文章中。主页功能设置为"退出"，点击"确定"保存设置，并完成场景缩略图的生成。

10.Step10　预览及调整

制作完成之后，需要对整体内容进行预览，以保证所有设置正确且能流畅运行。如果其中有些卡顿或功能连接不顺的情况，则需要进行调整。只有经过不断调整之后，页面才会显示出精致的效果。

11.Step11　打包发布

点击主菜单上的"文件"→"发布"→"发布成DreamBook Author文档"，打开发布菜单。在发布菜单中，填写相关内容，并点击"导出"按钮进行发布。

图6-88 文档设置菜单

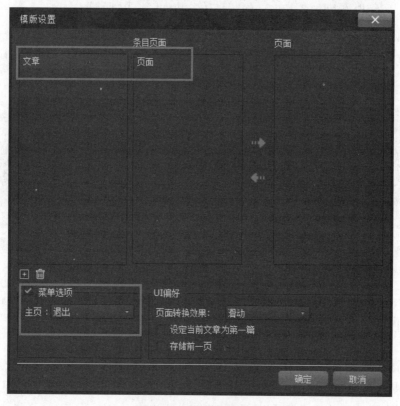

图6-89 模板设置菜单

八、案例8 含有全景图的页面制作

本章节的素材放置于"第六章→全景图"文件夹中。完成后的页面样式如图6-90所示。可打开追梦布客APP，点击其扫一扫按钮。扫描如图6-91所示二维码，可查看案例8的动态效果。

图6-90　案例8效果图

图6-91　案例8二维码

1.Step1　新建项目

如图6-92所示，新建一个命名为"全景图"的项目。在新建项目菜单中，输入项目名称、保存路径、文档类型和方向、分辨率信息以后，点击"确定"按钮保存信息。

2.Step2　资源库管理

打开资源库菜单，并将素材全部导入资源库中。

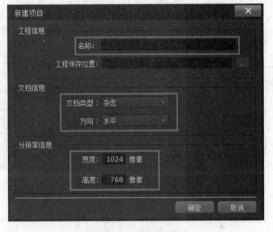

图6-92　新建项目

3.Step3　添加参照图

参照图在实际制作中仅起到参照作用。一般参照图为当前页面的等比例平面图片文件，同样需要在资源库中进行提取设置。有了参照图就如工程有了蓝本，它对电子书的效果呈现起到规范指导作用。因此，此步骤虽不涉及电子书的直接制作内容，但为了最终呈现效果和遵守制作规范，尽量不要忽略此步骤。

4.Step4　提取素材

从资源库将制作素材设置到页面后，即可开始制作电子书。设置制作素材的步骤："资源库"→"选中素材"→"设置文件"。例如，在资源库中，选择背景图片文件后，点击设置文件按钮，背景图片即加载到页面中。若素材置入后的位置与参照图不符，则需要严格按照参照图手动调整素材位置。置入当前页面的制作素材可在对象列表窗口查看。点击对象列表中的素材名称，可在页面中查看对应内容。

5.Step5　全景图添加

全景图添加步骤：点击全景图工具图标，如图6-93所示，在全景图属性窗口置入素材。

6.Step6　调整素材位置和属性

如图6-94所示，前景图必须置于最前端，但页面启动时，必须设置全景图为不可见。

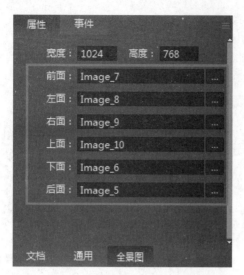

图6-93 属性窗口—全景图

图6-94 调整素材位置和属性

7.Step7 创建矩形

创建矩形，透明度设置为0。矩形功能为触发显示全景图，如图6-95所示。

图6-95 设置矩形属性

8.Step8 事件动作设置

（1）对象事件动作编辑

选中矩形，进行对象事件动作编辑，具体设置参数如图6-96所示。

（2）页面事件动作编辑

对页面事件动作编辑，要保证页面内容所有元素按照逻辑进行触发。具体设置参数如图6-97所示。

图6-96 对象事件动作设置

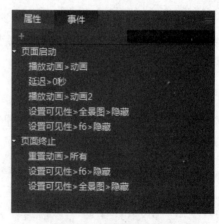

图6-97 页面事件动作设置

9.Step9 文档设置

如图6-98所示，选择杂志模式、水平方向、宽度1024、高度768。确认无误后，点击"确定"保存设置。

图6-98　文档设置菜单

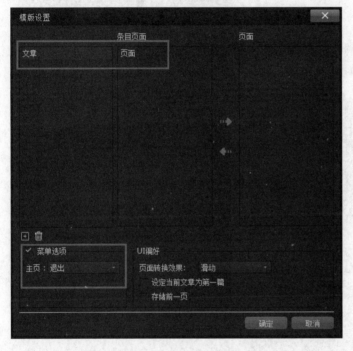

图6-99　模板设置菜单

10.Step10　模板设置

如图6-99所示，新建文章，并将"页面"添加到文章中。主页功能设置为"退出"，点击"确定"保存设置，并完成场景缩略图的生成。

11.Step11　预览及调整

制作完成之后，需要对整体内容进行预览，以保证所有设置正确且能流畅运行。如果其中有些卡顿或功能连接不顺的情况，则需要进行调整。只有经过不断调整之后，页面才会显示出精致的效果。

12.Step12　打包发布

点击主菜单上的"文件"→"发布"→"发布成DreamBook Author文档"，打开发布菜单。在发布菜单中，填写相关内容，并点击"导出"按钮进行发布。

九、案例9　含有页面切换的页面制作

本章节的素材放置于"第六章→页面切换"文件夹中，完成后的页面样式如图6-100所示。可打开追梦布客APP，点击其扫一扫按钮。扫描如图6-101所示二维码，可查看案例9的动态效果。

1.Step1　新建项目

如图6-102所示，新建一个命名为"页面切换"的项目。在新建项目菜单中，输入项目名称、保存路径、文档类型和方向、分辨率等信息以后，点击"确定"按钮保存信息。

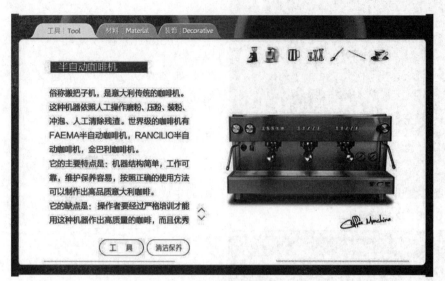

图6-100　案例9效果图

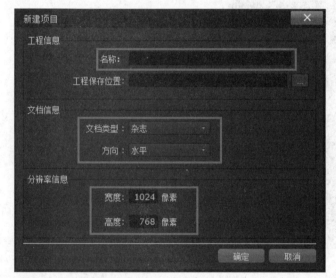

图6-102　新建项目

图6-101　案例9二维码

2.Step2　资源库管理

打开资源库菜单，并将素材全部导入资源库中。

3.Step3　添加参照图

参照图在实际制作中仅起到参照作用。一般参照图为当前页面的等比例平面图片文件，同样需要在资源库中进行提取设置。有了参照图就如工程有了蓝本，它对电子书的效果呈现起到规范指导作用。因此，此步骤虽不是电子书的直接制作内容，但为了最终呈现效果和遵守制作规范，尽量不要忽略此步骤。

4.Step4　页面设置

如图6-103所示，这里需要通过按钮进行页面内容切换，因此需要建立1个主页面和3个子页面。子页面大小为主页面空白区域大小：993px×694px。

5.Step5　提取素材

从资源库将制作素材设置到页面后，即可开始制作电子书。设置制作素材的步骤："资源库"→"选中素材"→"设置文件"。例如，在资源库中，选择背景图片文件后，点击设置文件按钮，背景图片即加载到页面中。若素材置入后的位置与参照图不符，则需要严格按照参照图手动调整素材位置。置入当前页面的制作素材可在对象列表窗口查看。点击对象列表中的素材名称，可在页面中查看对应内容。

6.Step6　页面切换

在第一页加入页面切换功能，点击页面切换工具图标打开页面切换菜单，如图6-104所示。将子页面1、子页面2、子页面3置入，点击"确认"按钮保存设置，这样三个子页面的内容就加载到第一页中了。

图6-103　子页面设置

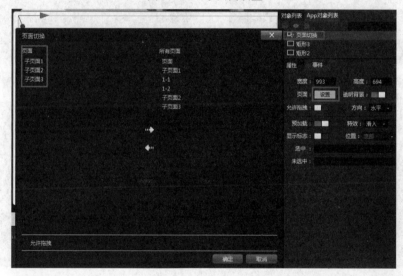

图6-104　页面切换

调整页面切换的位置，如图6-105所示，并在页面切换属性窗口中将透明背景选项打开。

7.Step7　事件动作编辑

（1）页面事件动作编辑

素材添加完成后，对页面进行事件动作编辑，以保证打开该页内容时页面上能够显示的对象正常显示，并满足操作功能。页面的页面事件动作具体参数设置如图6-106所示。

页面1的页面事件动作具体参数设置如图6-107所示。

图6-105　参数调整

（2）对象事件动作编辑

页面1中包含可点击的按钮。操作逻辑为，点击按钮后，该按钮由可点击状态变为不可点击状态；另一个按钮由不可点击状态变为可点击状态。页面显示内容相应改变。

选择名称为"清洁保养"的灰色图片，如图6-108所示，进行事件动作编辑。

选择名称为"工具"的灰色图片，如图6-109所示，进行事件动作编辑。

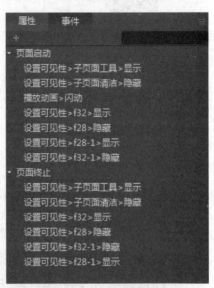

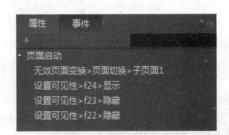

图6-106　页面事件动作设置　　　　　　图6-107　页面1事件动作设置

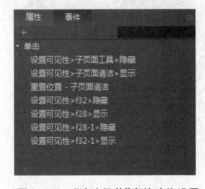

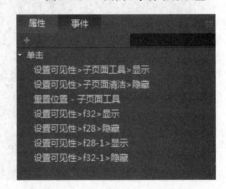

图6-108　"清洁保养"事件动作设置　　　　图6-109　"工具"事件动作设置

8.Step8　创建矩形

页面切换需要触发按钮才能进行切换操作，因此对按钮部分需要进行事件动作编辑。由于这里的按钮是图片控制的，因此需要加入矩形框进行热区控制。新建矩形，调整矩形位置，并设置矩形的透明度为0%，如图6-110所示。

图6-110　矩形热区建立

9.Step9　事件动作设置

选择矩形框，对照相应位置文字，加入事件动作功能来控制内容部分的页面切换，如图6-111所示。

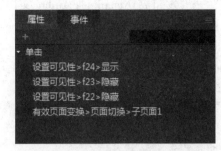

其他2个矩形，可按照此步骤进行设置，并参照案例文件进行调整。

图6-111　矩形按钮事件动作设置

10.Step10　文档设置

如图6-112所示，选择杂志模式、水平方向、宽度1024、高度768。确认无误后，点击"确定"保存设置。

11.Step11　模板设置

如图6-113所示，新建文章，并将"页面"添加到文章中。主页功能设置为"退出"，点击"确定"保存设置，并完成场景缩略图的生成。

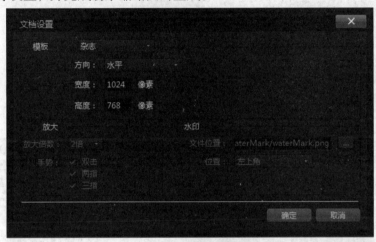

图6-112　文档设置菜单

由于子页面内容都可在页面中进行查看，所以这里的成品只须加载页面即可。

12.Step12　预览及调整

制作完成之后，需要对整体内容进行预览，以保证所有设置正确且能流畅运行。如其中有些卡顿或功能连接不顺的情况，则需要进行调整。只有经过不断调整之后，页面才会显示出精致的效果。

13.Step13　打包发布

点击主菜单上的"文件"→"发

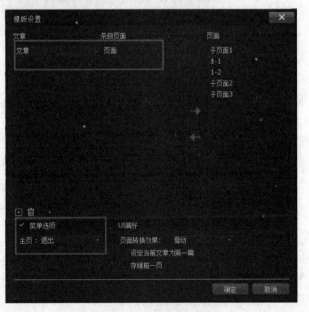

图6-113　模板设置菜单

布"→"发布成DreamBook Author文档",打开发布菜单。在发布菜单中,填写相关内容,并点击"导出"按钮进行发布。

十、案例10 含有子页面的页面制作

本章节的素材放置于"第六章→子页面"文件夹中。完成后的页面样式如图6-114所示。可打开追梦布客APP,点击其扫一扫按钮。扫描如图6-115所示二维码,可查看案例10的动态效果。

图6-114　案例10效果图　　　　图6-115　案例10二维码

1.Step1 新建项目

如图6-116所示,新建一个命名为"子页面"的项目。在新建项目菜单中输入项目名称、保存路径、文档类型和方向、分辨率信息以后,点击"确定"按钮保存信息。

2.Step2 资源库管理

打开资源库菜单,并将素材全部导入资源库中。

3.Step3 添加参照图

参照图在实际制作中仅起到参照作用。一般参照图为当前页面的等比例平面图片文件,同样需要在资源库中进行提取设置。有了参照图就如工程有了蓝本,它对电子书的效果呈现起到规范指导作用。因此,此步骤虽不涉及电子书的直接制作内容,但为了最终呈现效果和遵守制作规范,尽量不要忽略此步骤。

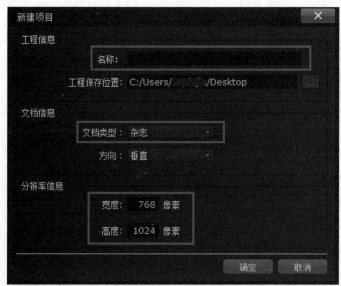

图6-116　新建项目

4.Step4　提取素材

从资源库将制作素材设置到页面后，即可开始制作电子书。设置制作素材的步骤："资源库"→"选中素材"→"设置文件"。例如，在资源库中选择背景图片文件后，点击设置文件按钮，可将背景图片加载到页面中。若素材置入后的位置与参照图不符，则需要严格按照参照图手动调整素材位置。置入当前页面的制作素材可在对象列表窗口查看。点击对象列表中的素材名称，可在页面中查看对应内容。

5.Step5　页面中添加子页面内容

观察成品可发现页面中的主体内容部分是子页面滑动显示的，因此需要使用子页面来制作这个部分。下面，来添加子页面内容。

首先，需要新建一个页面。在窗口栏的页面上单击鼠标右键，选择新建页面，如图6-117所示。

其次，在新建页面中加入内容文字部分。点击图片工具图标，从资源库中选择对应的素材置入，调整该图片的文档属性窗口中宽高度参数，使其与原素材的尺寸一致，如图6-118所示。

图6-117　新建页面

图6-118　调整页面大小

技巧提示：选中内容文字，可在元素窗口中查看其高度与宽度的具体尺寸。文档窗口显示画布尺寸，根据文字内容的尺寸数值调整该页画布尺寸。

再次，将第二页设置为第一页的子页面，鼠标选中第一页。点击子页面工具图标，如图6-119所示。在弹出的对话框中点击第2页，点击确认。如果无法识别页面名称，可将页面窗口调节为列表模式，进行查看。

图6-119　设置子页面

完成子页面加载后，第1页将会显示第2页的内容。

最后，添加进第1页的子页面内容。此时页面是有白色底色的。将文字的底部设置为透明，选中子页面内容，在子页面属性窗口中，设置为透明背景，即可调整文字为透明背景，如图6-120所示。

由于此部分内容为超长页内容（即文字长度超出页面长度），考虑到呈现时需要实现拖拽效果，需要对其参数进行调整。如图6-120所示，在子页面属性窗口中，选择滚动模式，并调整宽高度数值，即可完成子页面内容添加的全部过程。

图6-120　调整子页面参数

6.Step6　在页面中添加音频

页面元素放置完成后，需要在页面中添加音频。只有添加并设置完成后，才能实现页面成品效果。点击音频工具图标，选中音频对象，在音频属性窗口中添加对应的音频文件，如图6-121、图6-122所示。

图6-121　垂直工具栏—音频　　　　**图6-122　属性窗口—音频**

这样，页面上的内容就全部加载完成了。

7.Step7　动画效果制作

想要达到案例的效果，就需要对对象进行动画效果的制作。

在对对象进行效果制作时，首先需要选中对象，其次在时间轴中进行关键帧插入。

可参考案例文件进行设置。

8.Step8　事件动作编辑

想要达到案例的效果，就需要对页面和对象分别进行事件动作编辑。

当鼠标为选中某一对象时，可对该对象进行事件、动作添加。如果需要在页面翻开后立即播放音频，则需要对页面进行事件、动作编辑。具体参数设置如图6-123所示。

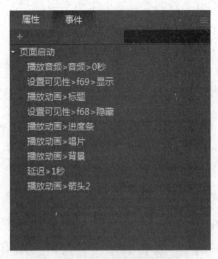

图6-123 页面事件动作编辑

9.Step9 文档设置

如图6-124所示，选择杂志模式、水平方向、宽度1024、高度768。确认无误后，点击"确定"保存设置。

图6-124 文档设置菜单

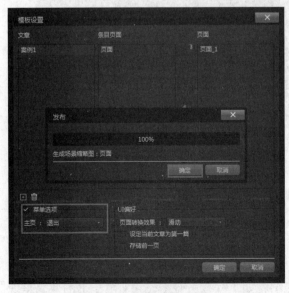

图6-125 模版设置菜单

10.Step10 模板设置

如图6-125所示，新建文章，并将"页面"添加到文章中。主页功能设置为"退出"，点击"确定"保存设置，并完成场景缩略图的生成。

11.Step11 预览及调整

制作完成之后，需要对整体内容进行预览，以保证所有设置正确且能流畅运行。如其中有些卡顿或功能连接不顺的情况，则需要进行调整。只有经过不断调整之后，页面才会显示出精致的效果。

12.Step12　打包发布

点击主菜单上的"文件"→"发布"→"发布成 DreamBook Author 文档"，打开发布菜单。在发布菜单中，填写相关内容，并点击"导出"按钮进行发布。

十一、案例11　含有360°旋转的页面制作

本章节的素材放置于"第六章→360°旋转"文件夹中。完成后的页面样式如图6-126所示。可打开追梦布客 APP，点击其扫一扫按钮。扫描如图6-127所示二维码，可查看案例11的动态效果。

图6-126　案例11效果图

1.Step1　新建项目

如图6-128所示，新建一个命名为"360°旋转"的项目。在新建项目菜单中，输入项目名称、保存路径、文档类型和方向、分辨率信息以后，点击"确定"按钮保存信息。

图6-127　案例11二维码

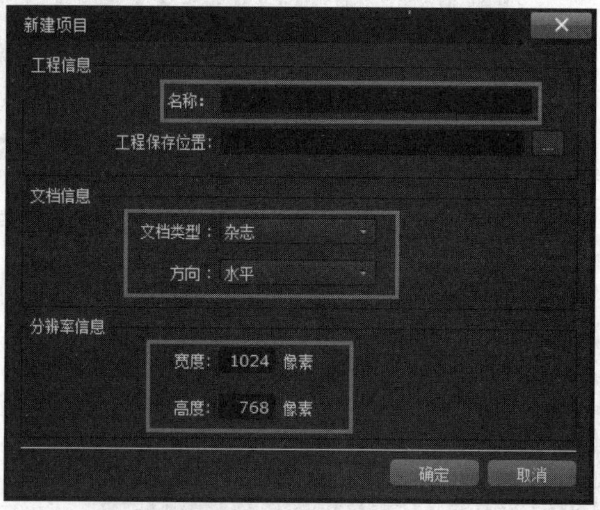

图6-128　新建项目

2.Step2　资源库管理

打开资源库菜单，并将素材全部导入资源库中。

3.Step3　添加参照图

参照图在实际制作中仅起到参照作用。一般参照图为当前页面的等比例平面图片文件，同样需要在资源库中进行提取设置。有了参照图就如工程有了蓝本，它对电子书的效果呈现

起到了规范指导的作用。因此，此步骤虽不涉及电子书的直接制作内容，但为了最终呈现效果和遵守制作规范，尽量不要忽略此步骤。

4.Step4 提取素材

从资源库将制作素材设置到页面后，即可开始制作电子书。设置制作素材的步骤：资源库→"选中素材"→"设置文件"。例如，在资源库中，选择背景图片文件后，点击设置文件按钮，背景图片即加载到页面中。若素材置入后的位置与参照图不符，则需要严格按照参照图手动调整素材位置。置入当前页面的制作素材可在对象列表窗口查看。点击对象列表中的素材名称，可在页面中查看对应内容。

5.Step5 360°旋转素材加载

使用360°旋转需要有360°角度图片素材。需要通过其他模式获得该部分素材。

如图6-129所示，点击360°旋转工具图标，进行素材添加。点击确认后页面即可加载360°旋转对象，并调整位置。

6.Step6 文档设置

如图6-130所示，选择杂志模式、水平方向、宽度1024、高度768。确认无误后，点击"确定"保存设置。

图6-129 垂直工具栏—360°旋转　　　图6-130 文档设置菜单

7.Step7 模板设置

如图6-131所示，新建文章，并将"页面"添加到文章中。主页功能设置为"退出"，点击"确定"保存设置，并完成场景缩略图的生成。

8.Step8 预览及调整

制作完成之后，需要对整体内容进行预览，以保证所有设置正确且能流畅运行。如其中有些卡顿或功能连接不顺的情况，则需要进行调整。只有经过不断调整之后，页面才会显示出精致的效果。

9.Step9 打包发布

点击主菜单上的"文件"→"发布"→"发布成 DreamBook Author 文档",打开发布菜单。在发布菜单中,填写相关内容,并点击"导出"按钮进行发布。

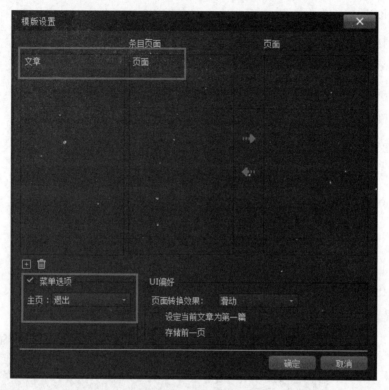

图6-131　模板设置菜单

十二、案例12 循环动画教程

本章节的素材放置于"第六章→动画1"文件夹中。完成后的页面样式如图6-132所示。可打开追梦布客APP,点击其扫一扫按钮。扫描如图6-133所示二维码,可查看案例12的动态效果。

1.Step1 新建项目

如图6-134所示,新建一个命名为"动画"的项目。在新建项目菜单中输入项目名称、保存

图6-132　案例12效果图

路径、文档类型和方向、分辨率信息以后,点击"确定"按钮保存信息。

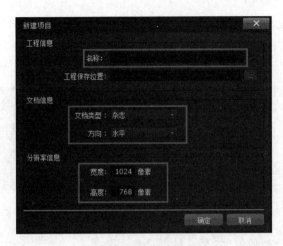

图6-133 案例12二维码　　　　　图6-134 新建项目

2.Step2 资源库管理

打开资源库菜单，并将素材全部导入资源库中。

3.Step3 添加参照图

参照图在实际制作中仅起到参照作用。一般参照图为当前页面的等比例平面图片文件，同样需要在资源库中进行提取设置。有了参照图就如工程有了蓝本，它对电子书的效果呈现起到规范指导作用。因此，此步骤虽不涉及电子书的直接制作内容，但为了最终呈现效果和遵守制作规范，尽量不要忽略此步骤。

4.Step4 提取素材

从资源库将制作素材设置到页面后，即可开始制作电子书。设置制作素材的步骤："资源库"→"选中素材"→"设置文件"。例如，在资源库中选择背景图片文件后，点击设置文件按钮，背景图片即加载到页面中。若素材置入后的位置与参照图不符，则需要严格按照参照图手动调整素材位置。置入当前页面的制作素材可在对象列表窗口查看。点击对象列表中的素材名称，可在页面中查看对应内容。

5.Step5 动画制作

在这个页面中，所有的效果均由动画制作而成。制作动画需要使用动画窗口部分。这是制作动画的重要场所，其制作原理与Flash等软件类似。要实现成品中的效果，需要我们对分层素材进行分别的动画设置。

技巧提示：循环动画、需要操作才能触发的动画等，这种类型需要单独设置为一个动画。

（1）云朵1的动画设置

云朵漂浮，且循环播放。新建动画，将其命名为云朵1，如图6-135所示。

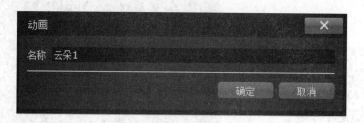

图6-135　动画—云朵1

这个动画包含2朵云的循环漂浮效果。

选中云朵图片素材，进行动画设置。需要在对应的效果行中，调整参数并在需要的时间位置上插入关键帧。在这里，云朵左右循环漂浮仅需要使用"变换"行，如图6-136所示。

图6-136　云朵1动画设置

（2）设置关键帧

如图6-137所示，在画布上将云朵移至初始位置，选中变换行，在时间轴0秒处插入关键帧。

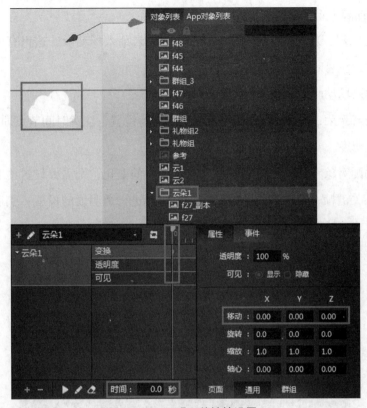

图6-137　云朵1关键帧设置1

（3）设置关键帧2

如图6-138所示，在画布上将云朵移至最终位置，选中变换行，在时间轴5秒处插入关键帧。

图6-138　云朵1关键帧设置2

（4）设置循环

打开循环播放按钮，这样云朵的漂浮效果就做好了。

（5）云朵2动画设置

按照同样的原理，新增动画云朵2，设置下方的云朵入场动画。这里有两层云朵，可设置在一个动画中，注意时间节点即可。

（6）礼物的入场动画设置

礼物的入场与云朵2类似，可在同一个动画下进行设置，注意时间节点即可。

（7）设置透明度

如果需要动画对象在位置变换的同时又有透明度的变化，则需要设置透明度行，并对应变化行节点插入关键帧；选中透明度行，在一般窗口进行透明度的设置；然后，再次点击插入关键帧来更新这一帧的参数，如图6-139所示。

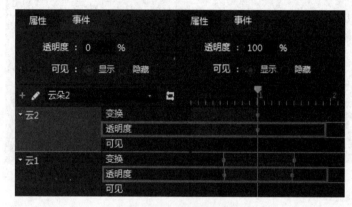

图6-139　调整透明度

技巧提示：想要获取更生动的效果，则需进行更细致的参数调节。

（8）其他动画设置

其余动画按照这个步骤进行制作，详见案例进行参数调整。

6.Step6　页面事件动作编辑

最后，需要对页面进行事件动作编辑，才能使入场动画（数量比较多的时候）按照一定的顺序进行播放，具体设置参数如图6-140所示。

技巧提示：这里加入了延迟功能，事件动作编辑中所有的动作都是按照默认顺序进行播放的。如需推迟动画播放的时间，可加入延迟功能。延迟中有时间设置项，调节参数后，可以使动画的播放有时间先后差异。

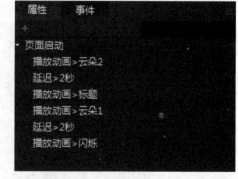

图6-140　页面事件动作编辑

7.Step7　文档设置

如图6-141所示，选择杂志模式、水平方向、宽度1024、高度768。确认无误后，点击"确定"保存设置。

图6-141　文档设置菜单

8.Step8　模板设置

如图6-142所示，新建文章，并将"页面"添加到文章中。主页功能设置为"退出"，点击"确定"保存设置，并完成场景缩略图的生成。

9.Step9　预览及调整

制作完成之后，需要对整体内容进行预览，以保证所有设置正确且能流畅运行。如果其中有些卡顿或功能连接不顺的情况，则需要进行调整。只有经过不断调整之后，页面才会显示出精致的效果。

10.Step10　打包发布

点击主菜单上的"文件"→"发布"→"发布成 DreamBook Author 文档"，打开发布菜单。在发布菜单中，填写相关内容，并点击"导出"按钮进行发布。

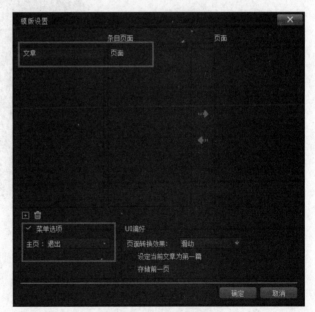

图6-142　模板设置菜单

十三、案例13　绘本动画教程

本章节的素材放置于"第六章→动画2"文件夹中。完成后的页面样式如图6-143所示。可打开追梦布客APP，点击其扫一扫按钮。扫描如图6-144所示二维码，可查看案例13的动态效果。

图6-143　案例13效果图

图6-144　案例13二维码

1.Step1　新建项目

如图6-145所示，新建一个命名为"动画2"的项目。在新建项目菜单中，输入项目名称、保存路径、文档类型和方向、分辨率信息以后，点击"确定"按钮保存信息。

2.Step2　资源库管理

打开资源库菜单，并将素材全部导入资源库中。

3.Step3　添加参照图

参照图在实际制作中仅起到参照作用。一般参照图为当前页面的等比例平面图片文件，同样需要在资源库中进行提取设置。有了参照

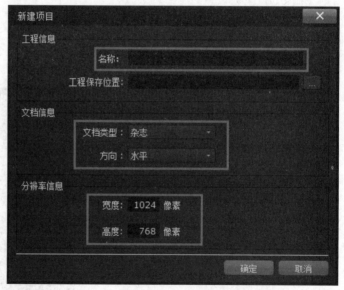

图6-145　新建项目

图就如工程有了蓝本，它对电子书的效果呈现起到规范指导作用。因此，此步骤虽不是电子书的直接制作内容，但为了最终呈现效果和遵守制作规范，尽量不要忽略此步骤。

4.Step4　提取素材

从资源库将制作素材设置到页面后，即可开始制作电子书。设置制作素材的步骤："资源库"→"选中素材"→"设置文件"。例如，在资源库中，选择背景图片文件后，点击设置文件按钮，背景图片即加载到页面中。若素材置入后的位置与参照图不符，则需要严格按照参照图手动调整素材位置。置入当前页面的制作素材可在对象列表窗口查看。点击对象列表中的素材名称，可在页面中查看对应内容。

5.Step5　动画制作

同样，需要使用动画窗口来完成动画。在制作动画之前，可以参照动画脚本来进行动画制作。如果没有脚本，那么需要在制作之前，先对动画如何呈现问题在心里设定一个初步规划。

要实现成品中的效果，需要对分层素材进行分别的动画设置。

为了实现小狐狸一边动作，一边实现进入场景的效果。第一步，将狐狸的身体拼接完成后面对狐狸形象进行建组，命名为body。第二步，在建组的基础上再建一个组，命名为狐狸，如图6-146所示。

（1）对狐狸进行动作的动画制作

狐狸的各部分都是可以活动的，且以关节作为动作的轴点。

对手新建动画，将其命名为手。如图6-147所示，在这里对象有两只手，需要对两只手分别进行关键帧的插入。在插入前，选择对象——手，并将中心轴移至关节处。

然后，对手进行动画关键帧的设置。在这里，手是摸肚子的动作，为了保证动作的可循环性，第1关键帧与第3关键帧保持一致，调整第2关键帧手的位置，如图6-148所示进行设置。

图6-146　动画1—素材添加

图6-147　动画2

图6-148　动画3

图6-149　动画4

给两只手都设置好动画，千万不要忘了将可循环按钮打开，如图6-149所示。根据上述步骤，对狐狸其他部位的动作进行动画设置。

（2）对狐狸进行入场动作的动画制作

狐狸走路会上下颠簸并由画面左侧进入画面，因此需要对狐狸的整体进行动画设置。此时，需要将动画建到刚才建的组"body"上。选择body组，新建动画，完成狐狸上下颠簸的动作。同样，设置3个关键帧，第1关键帧与第3关键帧保持一致，调整第2关键帧手的位置，并且打开循环按钮，如图6-150所示。

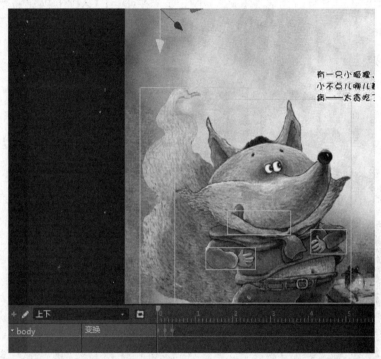

图6-150　动画5

若狐狸从画面左侧进行画面，则需要在组"狐狸"上进行设置。新建动画，进行关键帧的插入。设置两个关键帧，第1关键帧狐狸在画面外，第2关键帧狐狸在画面上需要停留的位置。注意，这里不需要循环，如图6-151所示。

图6-151　动画6

（3）对文字进行动画制作

文字的进入较为简单，从上方出现并向下移动至适当的位置，如图6-152、图6-153所示。在这里，需要调整文字对象的透明度和变换。

（4）对萝卜进行动画制作

为了增加画面的趣味性，可以增加一些小的触发点，给使用者创造一些意外的惊喜。点击罐子，萝卜会出来。点击萝卜，萝卜会回到罐子里，需要对动画进行触发。在这里，可以建立矩形，建立点击热区来控制动画的播放。如图6-154所示，选中萝卜图片对象，对萝卜创建动画"进"。如图6-155所示，选中萝卜图片对象，对萝卜创建动画"出"。

图6-152　动画7

图6-153　动画8

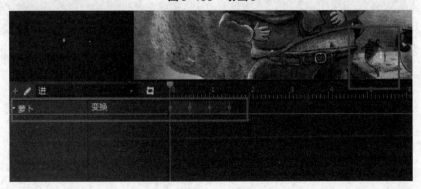

图6-154　动画9

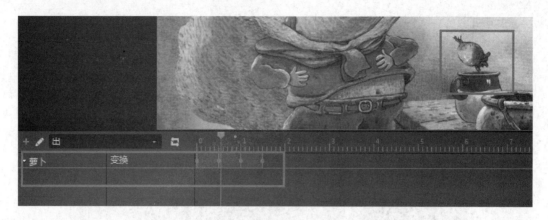

图6-155　动画10

创建完萝卜的进出动画后，制作点击触发的按钮，需要使用矩形工具。将其命名为"进""出"这样可以与动画相对应，如图6-156所示。

图6-156　动画11

6.Step6　事件动作设置

（1）对象的事件动作设置

如图6-157所示，选择对象"出"矩形，设置事件动作。

如图6-158所示，选择对象"进"矩形，设置事件动作。

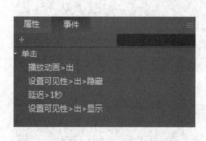

图6-157　事件动作设置—出

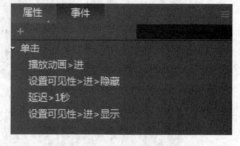

图6-158　事件动作设置—进

（2）页面的事件动作设置

最后，需要对页面进行事件动作编辑，才能使入场动画（数量比较多的时候）按照一定的顺序进行播放。具体设置参数如图6-159所示。

事件动作编辑中所有的动作都是按照默认顺序进行播放的，如需推迟动画播放的时间，可加入延迟功能。延迟中有时间设置项，调节参数后，可以使动画的播放有时间先后差异。

7.Step7　文档设置

如图6-160所示，选择杂志模式、水平方向、宽度1024、高度768。确认无误后，点击"确定"保存设置。

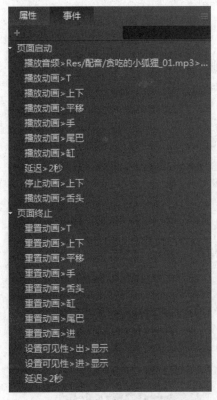

图6-159　页面事件动作编辑

图6-160　文档设置菜单

8.Step8　模板设置

如图6-161所示，新建文章，并将"页面"添加到文章中。主页功能设置为"退出"，点击"确定"保存设置，并完成场景缩略图的生成。

9.Step9　预览及调整

制作完成之后，需要对整体内容进行预览，以保证所有设置正确且能流畅运行。如果其中有些卡顿或功能连接不顺的情况，则需要进行调整。只有经过不断调整之后，页面才会显示精致的效果。

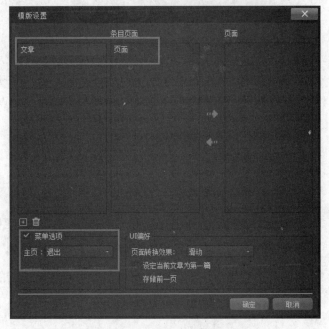

图6-161　文档设置

10.Step10　打包发布

点击主菜单上的"文件"→"发布"→"发布成DreamBook Author文档",打开发布菜单。在发布菜单中,填写相关内容,并点击"导出"按钮进行发布。

十四、案例14　复杂动画教程

一般动画形式可以分为入场动画、情景动画和曲线动画。使用这三种形式可以制作丰富的页面效果,并提升用户体验感觉。熟练运用的话,甚至可以制作一些AR、VR效果。在这里,介绍第三种曲线动画的制作。

本章节的素材放置于"第六章→动画3"文件夹中。完成后的页面样式如图6-162所示。可打开追梦布客APP,点击其扫一扫按钮。扫描如图6-163所示二维码,可查看案例14的动态效果。

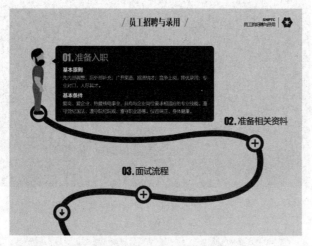

图6-162　案例14效果图　　　　　　　　图6-163　案例14二维码

1.Step1　新建项目

如图6-164所示,新建一个命名为"动图3"的项目。在新建项目菜单中,输入项目名称、保存路径、文档类型和方向、分辨率信息以后,点击"确定"按钮保存信息。

2.Step2　资源库管理

打开资源库菜单,并将素材全部导入资源库中。

3.Step3　添加参照图

参照图在实际制作中仅起到参照作用。一般参照图为当前页面的等比例平面图片文件,同样需要在资源库中进行提取设置。有了参照图就如工程有了蓝本,它对电子书的效果呈现可起到规范指导作用。因此,此步骤虽不涉及电子书的直接制作内容,但为了最终呈现效果和遵守制作规范,尽量不要忽略此步骤。

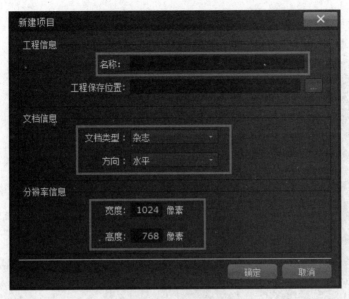

图6-164　新建项目

4.Step4　提取素材

从资源库将制作素材设置到页面后，即可开始制作电子书。设置制作素材的步骤："资源库"→"选中素材"→"设置文件"。例如，在资源库中，选择背景图片文件后，点击设置文件按钮，背景图片即加载到页面中。若素材置入后的位置与参照图不符，则需要严格按照参照图手动调整素材位置。置入当前页面的制作素材可在对象列表窗口查看。点击对象列表中的素材名称，可在页面中查看对应内容。

5.Step5　动画制作

同样，需要使用动画窗口来完成动画。在制作动画之前，可以参照动画脚本来进行动画制作。如果没有脚本，那么需要在制作之前，先在心里对如何呈现动画有一个初步规划。

在这个动画中，点击按钮，人物会骑上小车，沿着路线去往下一个按钮所在位置。需要分步进行动画制作。

（1）首先是入场

入场制作入场动画即可。在时间轴上进行对象的动画关键帧插入，如图6-165所示。

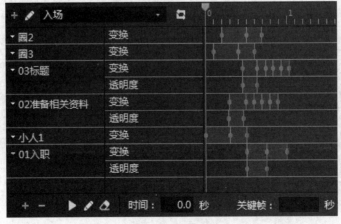

图6-165　动画1

首先，点击第二个位置，人物形象变化，并沿着路线行进到第二个点击位置处。第二个点击位置的图标发生变化。创建动画人物形象变化，如图6-166所示。

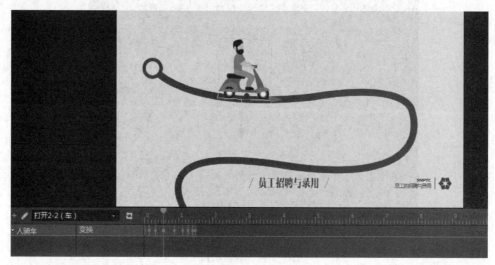

图6-166　动画2

创建人物骑小车沿着路径行驶的动画，这里就是曲线动画。DreamBook中的曲线动画需要自己手动调控，因此对动画进行多次关键帧插入、调整后，动画的动作才能够呈现自然流畅的效果。这个需要平时多注意观察和积累经验。

创建动画，第二个位置的图标变化由"+"变为"×"。同样，通过创建动画，调整变换进行动画制作。制作完毕后，不要忘了给图标加入事件动作功能编辑。具体设置参数请参考DreamBook文件。

其次，点击向下箭头时，画面变化。

通过点击按钮触发动画制作此效果。这里的画面变化，其实是给底图增加了动画。点击按钮后，播放动画——底图向上移动至完全显示蓝色区域，这样就能实现预览图中的效果了，如图6-167所示。

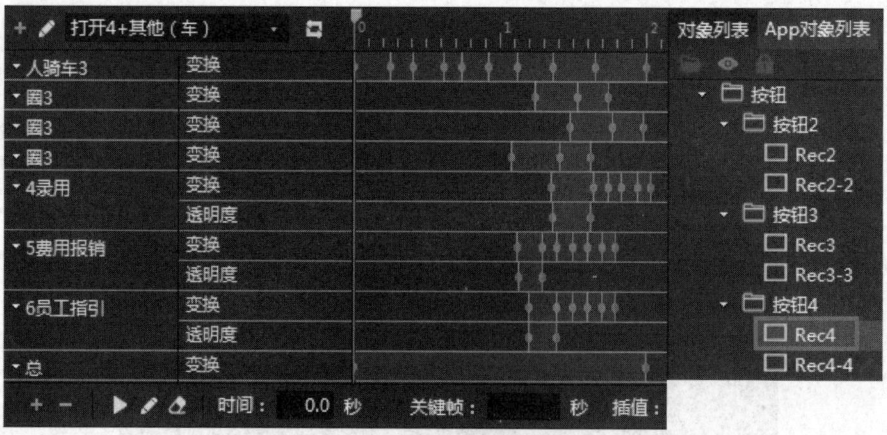

图6-167　动画3

6.Step6　事件动作编辑

由于页面上的内容较多，因此需要有耐心地对每个按钮进行事件动作编辑，包括触发动作和关闭显示内容的功能。具体参数参照案例文件进行设置，同时，对页面进行事件动作编辑，如图6-168所示。

内容较多的页面需要在命名时对名称进行对应，如按钮"第二位置"和人物、动画的名称相匹配。这样，在进行事件动作编辑时，就不会混乱了。

7.Step7　文档设置

如图6-169所示，选择杂志模式、水平方向、宽度1024、高度768。确认无误后，点击"确定"保存设置。

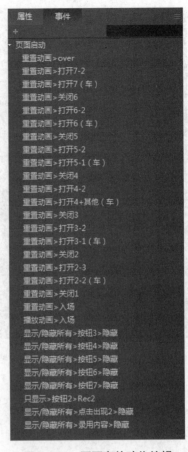

图6-168　页面事件动作编辑

图6-169　文档设置菜单

8.Step8　模板设置

选择杂志模式、水平方向、宽度1024、高度768。确认无误后，点击"确定"保存设置。

9.Step9　模板设置

如图6-170所示，新建文章，并将"页面"添加到文章中。主页功能设置为"退出"，点击"确定"保存设置，并完成场景缩略图的生成。

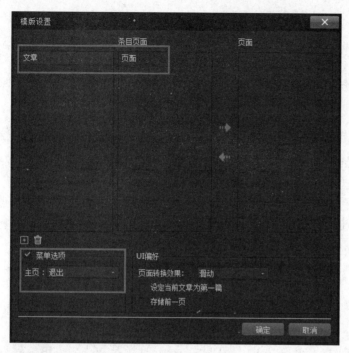

图6-170　文档设置

10.Step10　预览及调整

制作完成之后，需要对整体内容进行预览，以保证所有设置正确且能流畅运行。如果其中有些卡顿或功能连接不顺的情况，则需要进行调整。只有经过不断调整之后，页面才会显示出精致的效果。

11.Step11　打包发布

点击主菜单上的"文件"→"发布"→"发布成DreamBook Author文档"，打开发布菜单。在发布菜单中，填写相关内容，并点击"导出"按钮进行发布。

第二节　进阶案例

一、案例15　JS教程——错位

本案例主要是学习错位效果的制作过程，能按照操作说明独立再现错位案例。

本节的素材放置于"第六章→错位"文件夹中。完成后的页面样式如图6-171所示。可打开追梦布客APP，点击其扫一扫按钮。扫描如图6-172所示二维码，可查看案例15的动态效果。

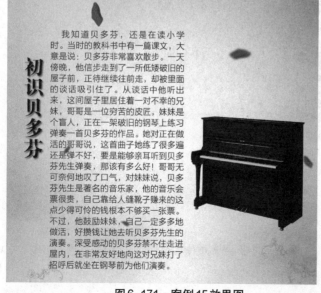

图6-171　案例15效果图

图6-172　案例15二维码

1.Step1　新建项目

如图6-173所示，新建一个命名为"错位"的项目。在新建项目菜单中，输入项目名称、保存路径、文档类型和方向、分辨率信息以后，点击"确定"按钮保存信息。

2.Step2　资源库管理

打开资源库菜单，并将素材全部导入资源库中。

3.Step3　新建页面

新建一个页面，在列表模式或如图6-174所示的缩略图模式时，双击页面名，命名为01。

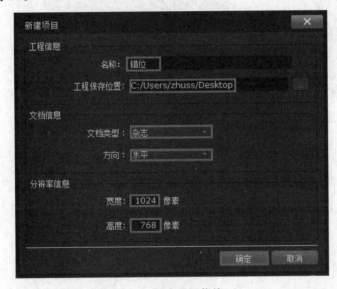

图6-173　新建项目菜单　　　　　图6-174　缩略图模式修改页面名

4.Step4　放置底图

将底图01和底图02添加到页面中，并将两张底图顺序拼接起来，调整其移动坐标位置，如图6-175、图6-176所示。

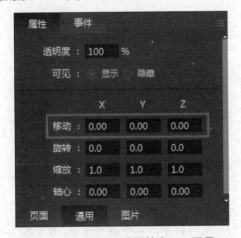

图6-175　底图01的属性窗口—通用　　　　图6-176　底图02的属性窗口—通用

技巧提示：因为要将图片拼接起来，所以要保证图与图之间没有间隙。在拼接的时候，如果是横向拼接，后图则保持Y轴数值不变，X轴取前图的终点数值；如果是纵向拼接，后图则保持X轴数值不变，Y轴取前图的终点数值。

5.Step5 放置参考图

将参考01和参考02添加到页面中，并将两张底图顺序拼接起来，调整其移动坐标位置和透明度，如图6-177、图6-178所示。

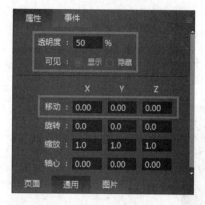

图6-177 参考01的属性窗口—通用

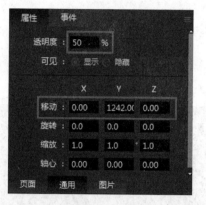

图6-178 参考02的属性窗口—通用

6.Step6 放置配图和文字图

根据参考图，将其他配图和文字图放置到对应的位置上。文字图由于截图时放大了两倍，因此需要将其缩放的X轴和Y轴都改为0.5。素材图添加完成后，删除参考01和参考02。

7.Step7 添加矩形

添加矩形对象。如图6-179、图6-180所示，在其通用属性窗口和矩形属性窗口中填相关值。

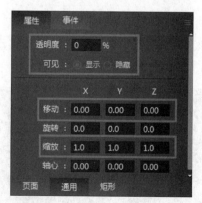

图6-179 属性窗口—通用

图6-180 属性窗口—矩形

如图6-181所示，或者使用缩放工具，使矩形的高度和对象的总高度一致。

8.Step8 对象群组化

如图6-182所示，将对象进行分组，并添加一个空白群组"background"。由于JS代码动画脚本中是五个群组，为了避免代码出错，因此补上一个群组。

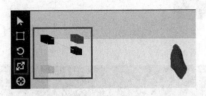

图6-181　缩放矩形高度　　　　　图6-182　对象群组化

9.Step9　修改JS脚本

如图6-183所示，用代码编辑器修改JS代码中红框标出部分的参数。确认无误后，可点击Ctrl+S的快捷方式保存设置。若要修改其他参数，可见教程《第五章第六节错位脚本》中的参数说明。

```
25
26  floorMove('01'  'floor1', 'floor2', 'floor3', 'floor4',
27      'background', 0, 1500, 1.1, 1.3, 0.9, 0.9, 0.5);
28
```

图6-183　修改脚本

10.Step10　添加脚本

如图6-184所示，添加JS代码动画脚本。设置无误后，点击"确定"保存设置。

11.Step11　文档设置

如图6-185所示，选择杂志模式、水平方向、宽度1024、高度768。确认无误后，点击"确定"保存设置。

图6-184　脚本设置菜单

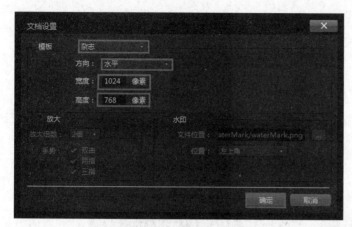

图6-185　文档设置菜单

12.Step12　模板设置

如图6-186所示，新建文章，并将"01"添加到文章中。主页功能设置为"退出"，点击"确定"保存设置，并完成场景缩略图的生成。

13.Step13　预览和调整

预览页面效果。如图6-187所示，如果图片的错位效果发生互相遮挡，则需要调整页面的图片对象坐标。完成后再次预览，不断重复此动作，直到错位效果满意为止。

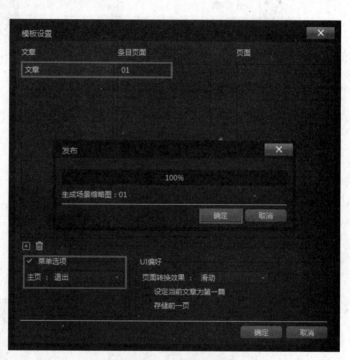

图6-186　模版设置菜单

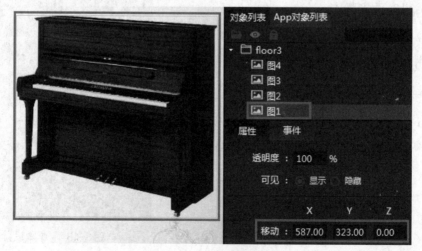

图6-187　调整图片坐标

14.Step14　打包发布

点击主菜单上的"文件→发布→发布成DreamBook Author文档",打开发布菜单。在发布菜单中,填写相关内容,并点击"导出"按钮进行发布。

二、案例16 JS教程——画廊

本案例主要是学习画廊效果的制作过程,能按照操作说明独立再现画廊案例。

本节的素材放置于"第六章→画廊"文件夹中。完成后的页面样式如图6-188所示,可打开追梦布客APP,点击其扫一扫按钮,扫描如图6-189所示二维码,可查看案例16的动态效果。

图6-188　案例16效果图

本案例主要由JS代码动画脚本控制动画效果,所有对象的命名方式必须按照模板命名。如果改动命名,则会影响命令的触发和执行。

1.Step1　新建项目

如图6-190所示,新建一个命名为"画廊"的项目。在新建项目菜单中,输入项目名称、保存路径、文档类型和方向、分辨率信息以后,点击"确定"按钮保存信息。

图6-189　案例16二维码

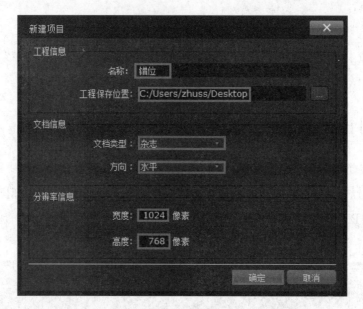

图6-190　新建项目菜单

2.Step2　资源库管理

打开资源库菜单，并将素材全部导入资源库中。

3.Step3　新建页面

新建一个页面，在列表模式或缩略图模式时，双击页面名，命名为02。

4.Step4　放置底图

将图片"24"添加到页面中，如图6-191所示，调整其通用属性窗口中的移动坐标位置。

5.Step5　放置配图和文字图

将所有图片添加到页面中，如图6-192至图6-196所示，在通用属性窗口中修改其坐标
和透明度属性。

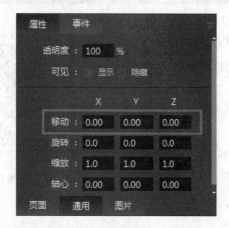

图6-191　24的属性窗口—通用

图6-192　2-1的属性窗口—通用

图6-193 2-2的属性窗口—通用

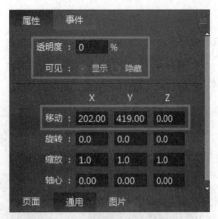

图6-194 2-pic的属性窗口—通用

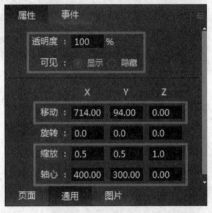

图6-195 3-1和3-2的属性窗口—通用

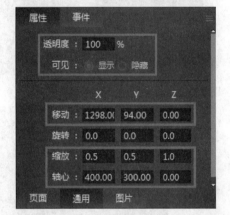

图6-196 4-1和4-2的属性窗口—通用

技巧提示：因为本案例的JS代码动画脚本中，默认画廊对象的宽度为800px，高度600px，所以在切图时必须需要按照这个值，否则会影响画面的一致性。

6.Step6 添加矩形

添加两个矩形，分别命名为"mask"和"but"。如图6-197、图6-198所示，在通用属性窗口中修改两个矩形的变化和透明度属性。

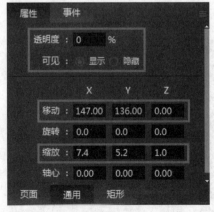

图6-197 mask的属性窗口—通用

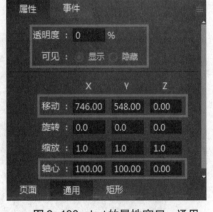

图6-198 but的属性窗口—通用

7.Step7 对象排序和群组化

如图6-199所示，将对象进行排序和分组。由于画廊显示的图片需要由模糊到清晰的渐变过程，因此需要将模糊版的图片放置于其清晰版的上一层。

8.Step8　动画设置

如图6-200至图6-203所示，为2-pic添加两个动画，分别命名为2-press和2-release，修改参数并点击关键帧按钮保存设置。

图6-199　对象排序和群组　　　　　　　　　　图6-200　2-press动画关键帧1

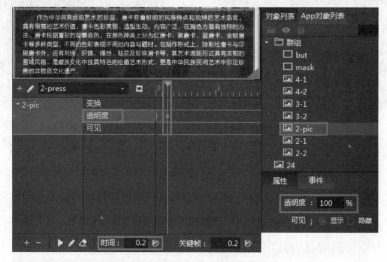

图6-201　2-press动画关键帧2

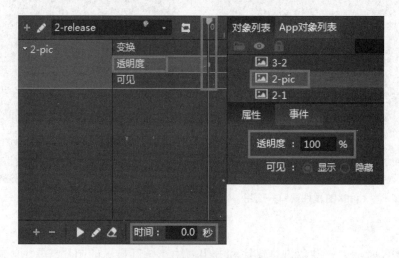

图6-202　2-release动画关键帧1

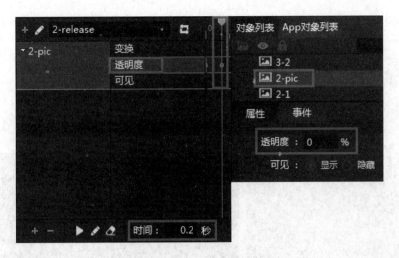

图6-203　2-release动画关键帧2

9.Step9　事件动作设置

如图6-204所示，添加一个页面终止事件，并在该事件中添加重置动画2-press。

10.Step10　修改JS脚本

如图6-205所示，用代码编辑器修改JS代码中红框标出部分的参数。确认无误后，可使用Ctrl+S的快捷方式保存设置。true是指有点击触发按钮，false是指无点击触发按钮。

若要修改其他参数，可见第五章第六节"画廊脚本"的参数说明。

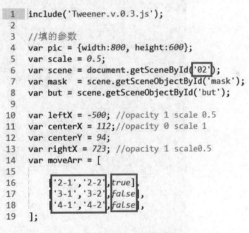

图6-204　页面的事件设置　　　　　图6-205　修改脚本

11.Step11　添加脚本

如图6-206所示，添加JS代码动画脚本。设置无误后，点击"确定"保存设置。

12.Step12　文档设置

如图6-207所示，选择杂志模式、水平方向、宽度1024、高度768。确认无误后，点击"确定"保存设置。

13.Step13　模板设置

如图6-208所示，新建文章，并将"02"添加到文章中。主页功能设置为"退出"，点击

"确定"保存设置，并完成场景缩略图的生成。

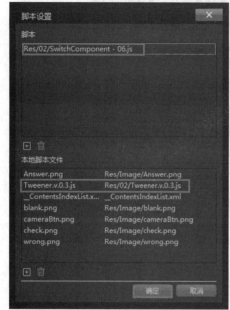

图6-206　脚本设置菜单

图6-207　文档设置菜单

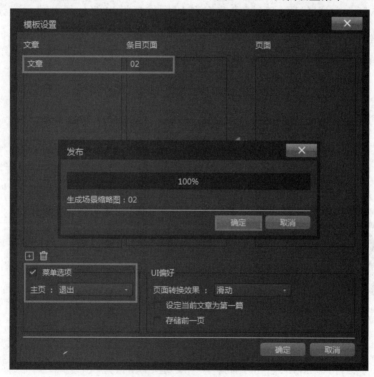

图6-208　模版设置菜单

14.Step14　预览和调整

预览画廊展示效果是否无误，若有偏差，修改对应的设置，直至准确无误为止。

15.Step15　打包发布

点击主菜单上的文件→发布→发布成DreamBook Author文档，打开发布菜单。在发布菜单中，填写相关内容，并点击"导出"按钮进行发布。

三、案例17 JS教程——拼图

本案例主要是学习拼图效果的制作过程，能按照操作说明独立再现拼图案例。

本节的素材放置于"第六章→拼图"文件夹中。完成后的页面样式如图6-209所示，可打开追梦布客APP，点击其扫一扫按钮。扫描如图6-210所示二维码，可查看案例17的动态效果。

图6-209 案例17效果图

图6-210 案例17二维码

1.Step1 新建项目

如图6-211所示，新建一个命名为"拼图"的项目。在新建项目菜单中，输入项目名称、保存路径、文档类型和方向、分辨率信息以后，点击"确定"按钮保存信息。

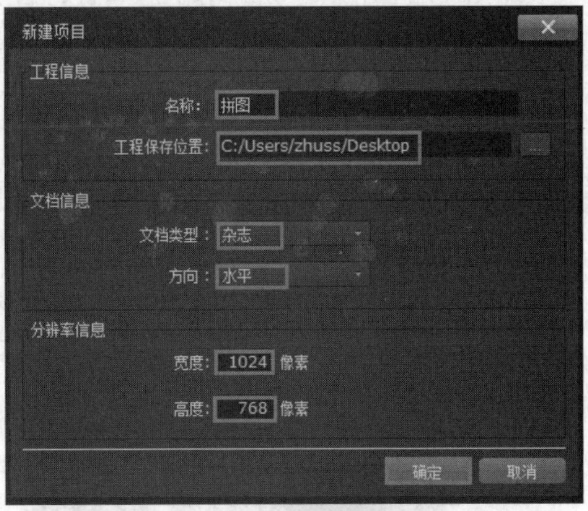

2.Step2 资源库管理

打开资源库菜单，并将素材全部导入资源库中。

3.Step3 新建页面

新建两个页面，在列表模式或缩略图模式时，双击页面名，分别命名为admin和pintu。

图6-211 新建项目菜单

4.Step4 新建页面切换

在页面admin，添加一个页面切换对象。如图6-212所示，将pintu添加到该页面中，点击"确定"保存设置。

5.Step5 添加对象

参照案例文件将所有的对象添加到对应的页面中，修改其命名。

6.Step6 对象排序和群组化

如图6-213、图6-214所示，将所有对象进行排序和分组。

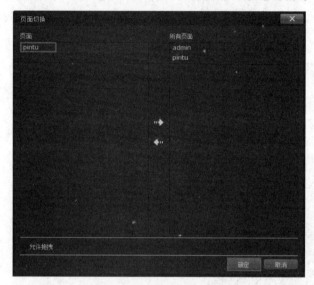

图6-212 页面切换菜单

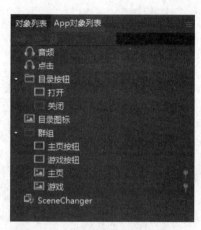

图6-213 admin的排序和群组

7.Step7 修改属性

如图6-215所示，先选中矩形对象"打开"，在其通用属性窗口中，修改其参数。其他对象的一般和元素属性参数，查看案例文件中设置的参数。

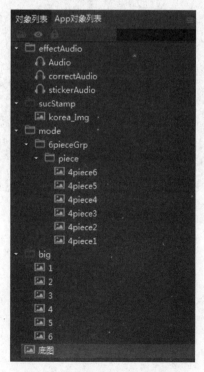

图6-214 pintu的排序和群组

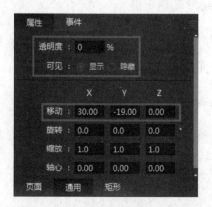

图6-215 打开的属性窗口—通用

8.Step8　动画设置

在页面admin，新建一个命名为"打开"的动画。在该动画内，添加两个动画对象的不同动画属性。先选中"主页"对象，新建动画属性。如图6-216、图6-217所示，修改参数并点击设置关键帧按钮 保存设置。

图6-216　打开—主页动画关键帧1

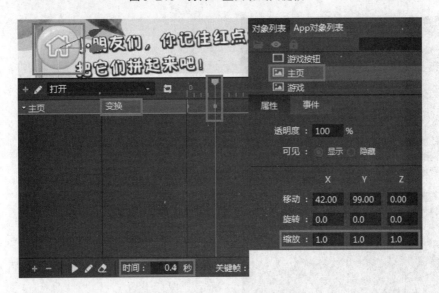

图6-217　打开—主页动画关键帧2

其他动画效果参照案例的参数进行设置。

9.Step9　事件动作设置

在页面admin，选中矩形对象"打开"，添加一个单击事件，并在该事件中添加如图6-218所示的多个动作。

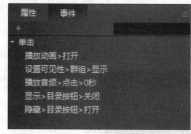

图6-218　打开的事件动作设置

参考案例文件，为该页面、矩形对象"关闭""主页按钮""游戏按钮"分别添加事件动作。

10.Step10　修改JS脚本

如图6-219所示，用代码编辑器修改。确认无误后，使用Ctrl+S的快捷方式保存设置。如果图片和对应位置都未变，只须修改红框标出的页面名就可以了。

若要修改其他参数，可见第五章第六节"拼图脚本"的参数说明。

```
1    include("scriptTemplate.js");
2
3    Motion.addMotion("manyStickerTypeQuestion",{
4        sceneId:'pintu',
5        exampleObjsId:['4piece6','4piece5','4piece4','4piece3','4piece2','4piece1'],
6        correctAreaId:['1','2','3','4','5','6'],
7        correctNumberId:[
8            ['4piece6','6'],
9            ['4piece5','5'],
10           ['4piece4','4'],
11           ['4piece3','3'],
12           ['4piece2','2'],
13           ['4piece1','1'],
14       ],
15       tolerance:100,
16       correctCheckDataGrpId:'sucStamp'
17   })
```

图6-219　修改脚本

图6-220　脚本设置菜单

11.Step11　添加脚本

如图6-220所示，添加JS代码动画脚本。设置无误后，点击"确定"保存设置。

12.Step12　文档设置

如图6-221所示，选择杂志模式、水平方向、宽度1024、高度768。确认无误后，点击"确定"保存设置。

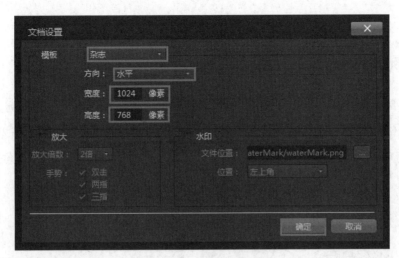

图6-221　文档设置菜单

13.Step13　模板设置

如图6-222所示，新建文章，并将"admin"添加到文章中。主页功能设置为"退出"，点击"确定"保存设置，并完成场景缩略图的生成。

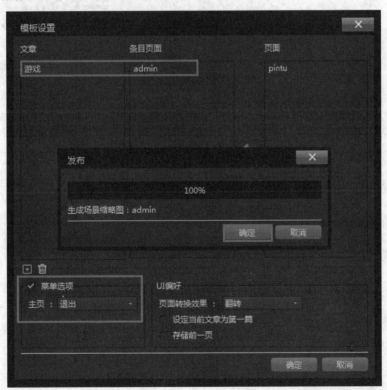

图6-222　模版设置菜单

14.Step14　预览和调整

预览拼图展示效果是否无误，若有偏差，修改对应的设置，直至准确无误为止。

15.Step15　打包发布

点击主菜单上的文件→发布→发布成DreamBook Author文档，打开发布菜单。在发布菜单中，填写相关内容，并点击"导出"按钮进行发布。

四、案例18 JS教程——画画

本案例主要是学习画画效果的制作过程，并按照操作说明独立再现画画案例。

本节的素材放置于"第六章→画画"文件夹中。完成后的页面样式如图6-223所示。可打开追梦布客APP，点击其扫一扫按钮。扫描如图6-224所示二维码，可查看案例18的动态效果。

图6-223　案例18效果图　　　　图6-224　案例18二维码

1.Step1　新建项目

如图6-225所示，新建一个命名为"画画"的项目。在新建项目菜单中，输入项目名称、保存路径、文档类型和方向、分辨率信息以后，点击"确定"按钮保存信息。

2.Step2　资源库管理

打开资源库菜单，并将素材全部导入资源库中。

3.Step3　新建页面

新建一个页面，在列表模式或缩略图模式时，双击页面名，命名为huahua。

4.Step4　添加对象

参照案例文件将所有的对象添加到对应的页面中，修改其命名。

5.Step5　对象排序和群组化

如图6-226所示，将所有对象进行排序和分组。

6.Step6　修改属性

如图6-227、图6-228所示，先选中矩形对象"color11"，在其通用属性和矩形属性窗口中，修改其参数。其他对象的参数查看案例文件中设置的参数。

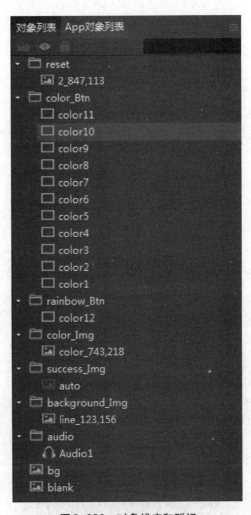

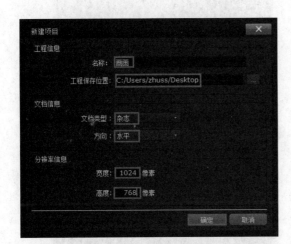

图6-225　新建项目菜单

图6-226　对象排序和群组

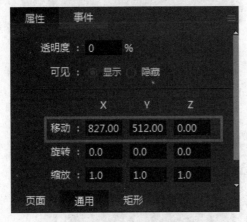

图6-227　color11的属性窗口—通用

图6-228　color11的属性窗口—矩形

7.Step7　事件动作设置

如图6-229所示，为页面添加页面启动事件，并在该事件中添加延迟和播放音频的动作。

参照案例文件，为群组对象"Reset""color_Btn""rainbow_Btn"分别添加单击事件。

8.Step8 修改JS脚本

如图6-230所示，用代码编辑器修改JS代码。确认无误后，点击Ctrl+S的快捷方式保存设置。如果图片和对应位置都未变，只须修改红框标出的页面名就可以了。若要修改其他参数，可见教程《第五章第六节画画脚本》的参数说明。

```
1  var scene = document.getSceneById("huahua");
2  var drawImage = scene.getSceneObjectById("blank");
```

图6-230　修改脚本

9.Step9 添加脚本

如图6-231所示，添加JS代码动画脚本。设置无误后，点击"确定"保存设置。

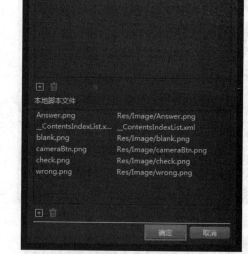

图6-229　页面的事件动作设置　　　　　　　图6-231　脚本设置菜单

10.Step10 文档设置

如图6-232所示，选择杂志模式、水平方向、宽度1024、高度768。确认无误后，点击"确定"保存设置。

图6-232　文档设置菜单

11.Step11　模板设置

如图6-233所示，新建文章，并将"huahua"添加到文章中，主页功能设置为"退出"。点击"确定"保存设置，并完成场景缩略图的生成。

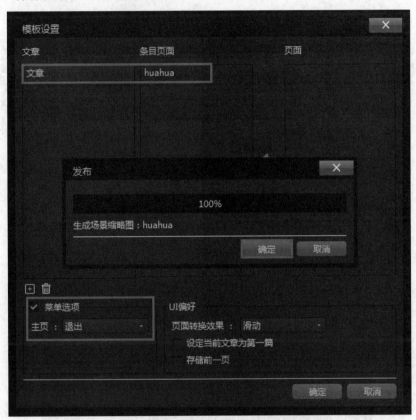

图6-233　模版设置菜单

12.Step12　预览和调整

预览画画展示效果是否无误，若有偏差，修改对应的设置，直至准确无误为止。

13.Step13　打包发布

点击主菜单上的"文件"→"发布"→"发布成DreamBook Author文档"，打开发布菜单。在发布菜单中，填写相关内容，并点击"导出"按钮进行发布。

五、案例19　JS教程——连线

本案例主要是学习连线效果的制作过程，能按照操作说明独立再现连线案例。

本节的素材放置于"第六章→连线"文件夹中。完成后的页面样式如图6-234所示，可打开追梦布客APP，点击其扫一扫按钮，扫描如图6-235所示二维码，查看案例19的动态效果。

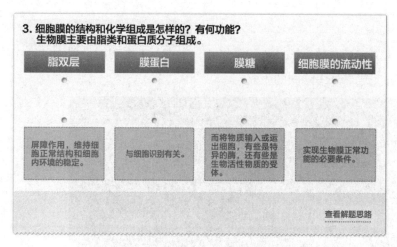

图6-234　案例19效果图　　　　　　　　　　图6-235　案例19二维码

1.Step1　新建项目

如图6-236所示，新建一个命名为"连线"的项目。在新建项目菜单中，输入项目名称、保存路径、文档类型和方向、分辨率信息以后，点击"确定"按钮保存信息。

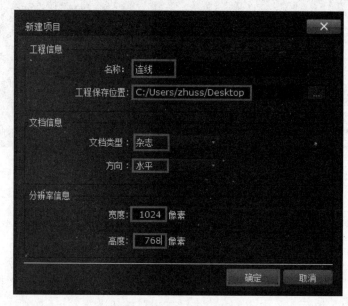

图6-236　新建项目菜单

2.Step2　资源库管理

打开资源库菜单，并将素材全部导入资源库中。

3.Step3　新建页面

新建两个页面，在列表模式或缩略图模式时，双击页面名，修改第2个页面命名为lianxian。如图6-237所示，修改lianxian的文档属性窗口中的高度为550。

4.Step4　新建页面切换

在页面，添加一个页面切换对象，如图6-238所示，将lianxian添加到该页面中，点击"确定"保存设置。

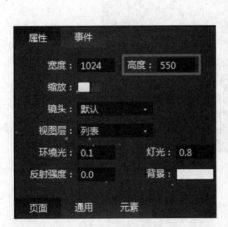

图6-237　lianxian的属性窗口—文档

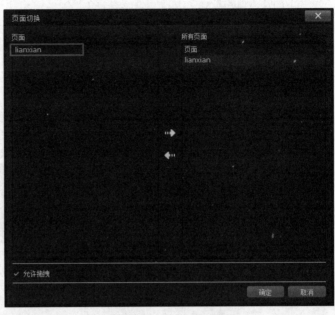

图6-238　页面切换菜单

5.Step5　添加对象

在lianxian，参照案例文件将所有的对象添加到对应的页面中，修改其命名。

6.Step6　对象排序和群组化

在lianxian，如图6-239所示，将所有对象进行排序和分组。

7.Step7　修改属性

如图6-240所示，先选中图片对象"1-1"，在其通用属性窗口中，修改其参数。其他对象的一般和元素属性参数，查看案例文件中设置的参数。

图6-239　对象排序和群组

图6-240　打开的属性窗口—通用

8.Step8 动画设置

在lianxian页面，新建一个命名为"查看解题思路"的动画。在该动画内，添加两个动画对象的不同动画属性。先选中"解题思路"对象，新建动画属性，如图6-241、图6-242所示修改参数并点击设置关键帧按钮保存设置。"查看解题思路"对象的透明度属性，参照案例的参数进行设置。

图6-241　查看解题思路—解题思路动画关键帧1

图6-242　查看解题思路—解题思路动画关键帧2

9.Step9 事件动作设置

如图6-243所示，为页面lianxian添加事件和动作。如图6-244所示，为"矩形"对象添加事件和动作。

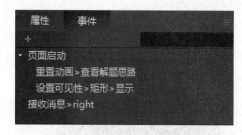

图6-243　页面的事件动作设置

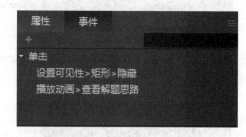

图6-244　矩形的事件动作设置

10.Step10 修改JS脚本

如图6-245所示，用代码编辑器修改JS代码。确认无误后，可点击Ctrl+S的快捷方式保存设置。如果图片和对应位置都未变，只须修改页面名就可以了。若要修改其他参数，可见

第五章第六节"连线脚本"的参数说明。

11.Step11 添加脚本

如图6-246所示，添加JS代码动画脚本。设置无误后，点击"确定"保存设置。

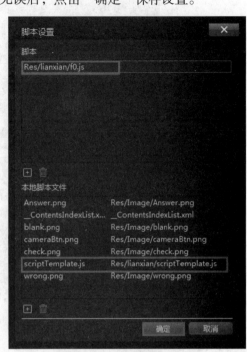

```
 1  include('scriptTemplate.js');
 2  //(sceneId, cansvasResolution ,canvasTransl
 3  Motion.addMotion('lineConnection',{
 4      sceneId:'lianxian',
 5      cansvasResolution:[800,150],
 6      canvasTranslation:[112,142],
 7      drawAreaId:'drawArea',
 8      drawLineSaveGrpId:'drawLineSaveGrp',
 9      pointData:[
10          ['1-1','2-1'],
11          ['1-2','2-3'],
12          ['1-3','2-2'],
13          ['1-4','2-4']
14      ],
15      tolerance:70,
16      lineColor:[163/255,197/255,25/255,1],
17      lineBorder:2,
18      rightResId:'rightRes'
19  })
```

图6-245 修改脚本　　　　　　　　　　　　图6-246 脚本设置菜单

12.Step12 文档设置

如图6-247所示，选择杂志模式、水平方向、宽度1024、高度768。确认无误后，点击"确定"保存设置。

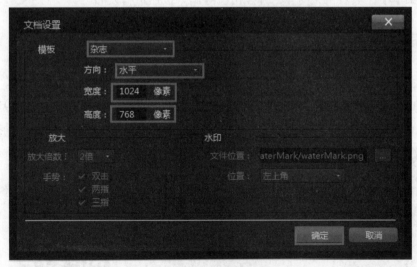

图6-247 文档设置菜单

13.Step13 模板设置

如图6-248所示，新建文章，并将"页面"添加到文章中，主页功能设置为"退出"，点击"确定"保存设置，并完成场景缩略图的生成。

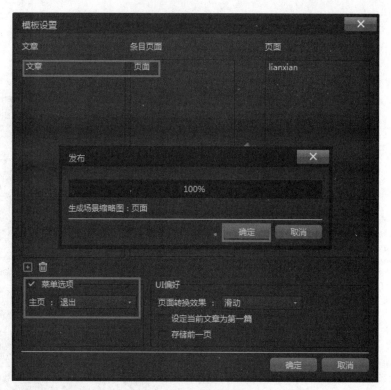

图6-248　模版设置菜单

14.Step14　预览和调整

预览连线展示效果是否无误，若有偏差，修改对应的设置，直至准确无误为止。

15.Step15　打包发布

点击主菜单上的"文件"→"发布"→"发布成DreamBook Author文档"，打开发布菜单。在发布菜单中，填写相关内容，并点击"导出"按钮进行发布。

六、案例20 JS教程——涂抹

本案例主要是学习涂抹效果的制作过程，能按照操作说明独立再现涂抹案例。

本章节的素材放置于"第六章→涂抹"文件夹中。完成后的页面样式如图6-249所示。可打开追梦布客APP，点击其扫一扫按钮，扫描如图2-250所示二维码，查看案例20的动态效果。

图6-249　案例20效果图

图6-250　案例20二维码

1.Step1 新建项目

如图6-251所示，新建一个命名为"涂抹"的项目。在新建项目菜单中，输入项目名称、保存路径、文档类型和方向、分辨率信息以后，点击"确定"按钮保存信息。

2.Step2 资源库管理

打开资源库菜单，并将素材全部导入资源库中。

3.Step3 新建页面

新建两个页面，在列表模式或缩略图模式时，双击页面名，分别命名为tumo和sub。

4.Step4 新建子页面

在页面tumo，添加一个子页面，如图6-252所示，将sub设置为子页面对象。

图6-251 新建项目菜单

图6-252 新建子页面菜单

图6-253 对象排序和群组

5.Step5 添加对象

参照案例文件将所有的对象添加到对应的页面中，修改其命名。

6.Step6 对象排序和群组化

如图6-253所示，参考案例，将所有对象进行排序和分组。

7.Step7 修改属性

如图6-254、图6 255所示，先选中矩形对象"1"，在其属性窗口中，修改其参数。其他对象的一般属性和元素属性参数，查看案例文件中设置的参数。

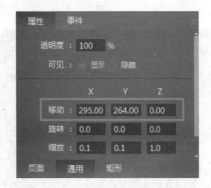

图6-254　打开的属性窗口—通用

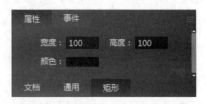

图6-255　打开的属性窗口—矩形

8.Step8　动画设置

在页面tumo，新建一个命名为"擦除消失"的动画。在该动画内，添加两个动画对象的不同动画属性。先选中"擦除"对象，新建动画属性，如图6-256、图6-257所示修改参数并点击设置关键帧按钮 保存设置。其他动画效果参照案例的参数进行设置。

图6-256　擦除消失—擦除动画关键帧1

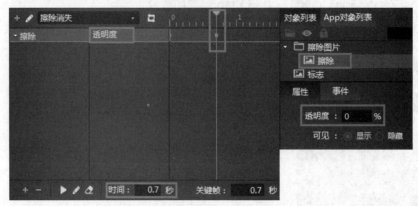

图6-257　擦除消失—擦除动画关键帧2

9.Step9　事件动作设置

在页面tumo，选中矩形对象"开"，添加一个单击事件，并在该事件中添加如图6-258所示的多个动作。参考案例文件，为该页面、矩形对象"关"分别添加事件动作。

图6-258　开的事件动作设置

10.Step10　修改JS脚本

如图6-259所示，用代码编辑器修改JS代码。确认无误后，可采用Ctrl+S的快捷方式保存设置。如果图片和对应位置都未变，只须修改红框标出的页面名就可以了。

若要修改其他参数，可见第五章第六节"涂抹脚本"的参数说明。

11.Step11　添加脚本

如图6-260所示，添加JS代码动画脚本。设置无误后，点击"确定"保存设置。

图6-259　修改脚本　　　　　　　　　图6-260　脚本设置菜单

12.Step12　文档设置

如图6-261所示，选择杂志模式、水平方向、宽度1024、高度768。确认无误后，点击"确定"保存设置。

图6-261　文档设置菜单

13.Step13 模板设置

如图6-262所示，新建文章，并将"tumo"添加到文章中。主页功能设置为"退出"，点击"确定"保存设置，并完成场景缩略图的生成。

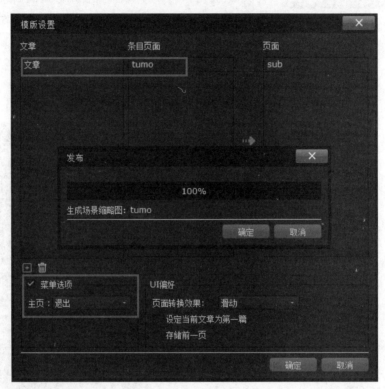

图6-262 模版设置菜单

14.Step14 预览和调整

预览涂抹展示效果是否无误，若有偏差，修改对应的设置，直至准确无误为止。

15.Step15 打包发布

点击主菜单上的"文件"→"发布"→"发布成DreamBook Author文档"，打开发布菜单。在发布菜单中，填写相关内容，并点击"导出"按钮进行发布。

七、案例21 JS教程——写字

本案例主要是学习写字效果的制作过程，并按照操作说明独立再现写字案例。

本章节的素材放置于"第六章→写字"文件夹中。完成后的页面样式如图6-263所示。可打开追梦布客APP，点击其扫一扫按钮，扫描如图6-264所示二维码，查看案例21的动态效果。

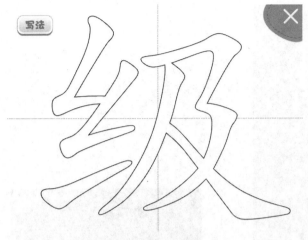

图6-263 案例21效果图　　　　　图6-264 案例21二维码图

1.Step1 新建项目

如图6-265所示，新建一个命名为"写字"的项目。在新建项目菜单中，输入项目名称、保存路径、文档类型和方向、分辨率信息以后，点击"确定"按钮保存信息。

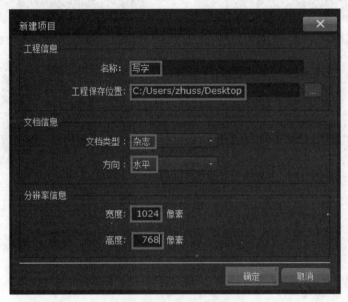

图6-265 新建项目菜单

2.Step2 资源库管理

打开资源库菜单，并将素材全部导入资源库中。

3.Step3 新建页面

新建一个页面，在列表模式或缩略图模式时，双击页面名，命名为xiezi。

4.Stcp4 添加对象

参照案例文件将所有的对象添加到对应的页面中，修改其命名。

5.Step5 对象排序和群组化

如图6-266所示，参照案例，将所有对象进行排序和分组。

图6-266　对象排序和群组

图6-267　笔画按钮的属性窗口—通用

6.Step6　修改属性

如图6-267、图6-268所示，先选中按钮对象"笔画按钮"。在其属性窗口中，修改其参数。其他对象的一般属性和元素属性参数，查看案例文件中设置的参数。

图6-268　笔画按钮的属性窗口—按钮

7.Step7　动画设置

在页面xiezi，新建一个命名为"内容3"的动画。在该动画内，添加四个动画对象的不同动画属性。先选中"白底"对象，新建动画属性。如图6-269、图6-270所示修改参数，并点击设置关键帧按钮保存设置。其他动画效果参照案例的参数进行设置。

图6-269　内容3—白底动画关键帧1

图6-270　内容3—白底动画关键帧2

8.Step8　事件动作设置

如图6-271所示，为页面添加页面启动事件，并在该事件中添加的多个动作，为页面添加接受消息"right"事件。在页面中，选中按钮对象"笔画按钮"，添加一个单击事件，并在该事件中添加如图6-272所示的多个动作。

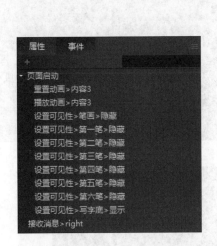

图6-271　页面的事件动作设置

图6-272　笔画按钮的事件动作设置

9.Step9　修改JS脚本

如图6-273所示，用代码编辑器修改JS代码。确认无误后，点击Ctrl+S的快捷方式保存设置。如果图片和对应位置都未变，只须修改红框标出的页面名就可以了。

若要修改其他参数，可见第五章第六节"写字脚本"的参数说明。

```
1   include("scriptTemplate.js");
2   //(sceneId, drawAreaId, stepArray, stepImgGrpId, brushRad, rightGrpId)
3   Motion.addMotion("write",{
4       sceneId:'xiezi',
5       drawAreaId:'blank',
6       stepArray:[
7           [[312,121],[201,334],[291,321]],
8           [[412,247],[227,469],[378,429]],
9           [[199,638],[345,571]],
10          [[574,260],[514,468],[436,607]],
11          [[552,179],[759,140],[677,338],[745,396],[687,554],[592,638]],
12          [[619,474],[746,618],[854,686]]
13      ],
14      stepImgGrpId:'everyStepGrp',
15      brushRad:30,
16      rightGrpId:'rightGrp'
17  })
```

图6-273　修改脚本

10.Step10　添加脚本

如图6-274所示，添加JS代码动画脚本。设置无误后，点击"确定"保存设置。

11.Step11　文档设置

如图6-275所示，选择杂志模式、水平方向、宽度1024、高度768。确认无误后，点击"确定"保存设置。

12.Step12　模板设置

如图6-276所示，新建文章，并将"xiezi"添加到文章中。主页功能设置为"退出"，点击"确定"保存设置，并完成场景缩略图的生成。

图6-274　脚本设置菜单

图6-275　文档设置菜单

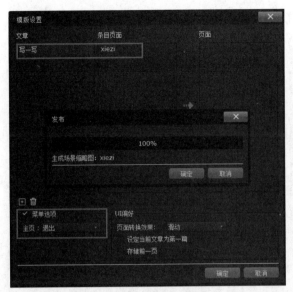

图6-276　模版设置菜单

13.Step13　预览和调整

预览写字展示效果是否无误。若有偏差，修改对应的设置，直至准确无误为止。

14.Step14　打包发布

点击主菜单上的"文件"→"发布"→"发布成 DreamBook Author 文档"，打开发布菜单。在发布菜单中，填写相关内容，并点击"导出"按钮进行发布。

八、案例22　JS教程——适用于多对一的拖拽

本案例主要是学习多对一拖拽效果的制作过程，能按照操作说明独立再现拖拽案例。

本章节的素材放置于"第六章→拖拽一"文件夹中。完成后的页面样式如图6-277所示。可打开追梦布客APP，点击其扫一扫按钮，扫描如图6-278所示二维码，查看案例22的动态效果。

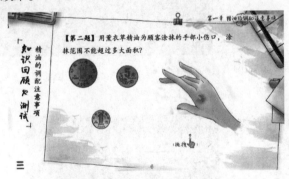

图6-277　案例22效果图

图6-278　案例22二维码

1.Step1　新建项目

如图6-279所示，新建一个命名为"拖拽1"的项目。在新建项目菜单中，输入项目名称、保存路径、文档类型和方向、分辨率信息以后，点击"确定"按钮保存信息。

2.Step2　资源库管理

打开资源库菜单，并将素材全部导入资源库中。

3.Step3　新建页面

新建一个页面，在列表模式或缩略图模式时，双击页面名，分别命名为6知识回顾和tuoz1。

如图6-280所示，修改tuoz1的文档属性窗口中的宽度为1081，高度为604。

图6-279　新建项目菜单

图6-280　拖拽1的属性窗口—文档

4.Step4　新建页面切换

在页面6知识回顾，添加一个页面切换对象，如图6-281所示，将tuoz1添加到该页面中，点击"确定"保存设置。

5.Step5　添加对象

参照案例文件将所有的对象添加到对应的页面中，修改其命名。

6.Step6　对象排序和群组化

如图6-282、图6-283所示，将所有对象进行排序和分组。

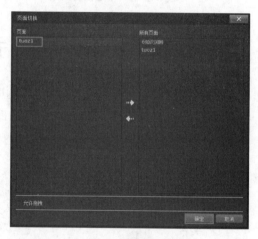

图6-281　页面切换菜单

图6-282　6知识回顾的对象排序和群组

图6-283　tuoz1的对象排序和群组

7.Step7 修改属性

如图6-284、图6-285所示，先选中页面切换对象"SceneChanger"。在其属性窗口中，修改其参数。其他对象的通用属性和元素属性的参数，查看案例文件中设置的参数。

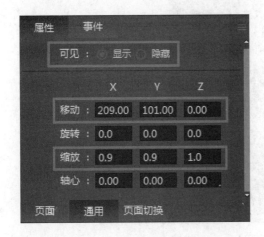

图6-284 SceneChanger的属性窗口—通用

图6-285 SceneChanger的属性窗口—页面切换

8.Step8 动画设置

在页面6知识回顾，新建一个命名为"入场"的动画。在该动画内，添加两个动画对象的不同动画属性。先选中"标题1"对象，新建动画属性，如图6-286至图6-289所示修改参数并点击设置关键帧按钮保存设置。

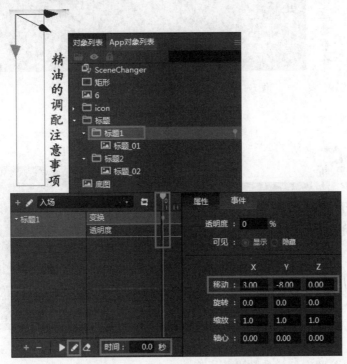

图6-286 入场—标题1动画关键帧1

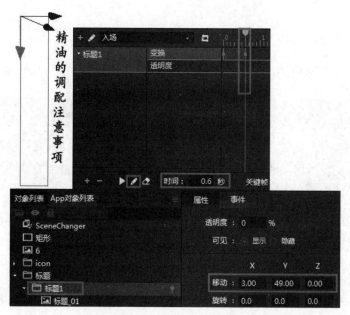

图6-287　入场—标题1动画关键帧2

图6-288　入场—标题1动画关键帧3

图6-289　入场—标题1动画关键帧4

其他动画效果参照案例的参数进行设置。

9.Step9　事件动作设置

在页面6知识回顾，添加一个页面启动事件，并在该事件中添加如图6-290所示的播放"入场"动画的动作。

参照案例文件，为该页面的矩形、tuoz1页面分别添加事件动作。

10.Step10　修改JS脚本

如图6-291所示，用代码编辑器修改JS代码。确认无误后，可点击Ctrl+S的快捷方式保存设置。如果图片和对应位置都未变，只须修改红框标出的页面名就可以了。

若要修改其他参数，可见第五章第六节"拖拽脚本"中"适用于多对一的拖拽"的参数说明。

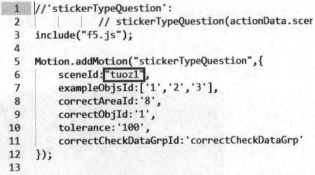

```
 1  //'stickerTypeQuestion':
 2            // stickerTypeQuestion(actionData.scer
 3  include("f5.js");
 4
 5  Motion.addMotion("stickerTypeQuestion",{
 6      sceneId:"tuoz1",
 7      exampleObjsId:['1','2','3'],
 8      correctAreaId:'8',
 9      correctObjId:'1',
10      tolerance:'100',
11      correctCheckDataGrpId:'correctCheckDataGrp'
12  });
13
```

图6-290　6知识回顾的事件动作设置

图6-291　修改脚本

11.Step11　添加脚本

如图6-292所示，添加JS代码动画脚本。设置无误后，点击"确定"保存设置。

12.Step12　文档设置

如图6-293所示，选择杂志模式、水平方向、宽度1280、高度720。确认无误后，点击"确定"保存设置。

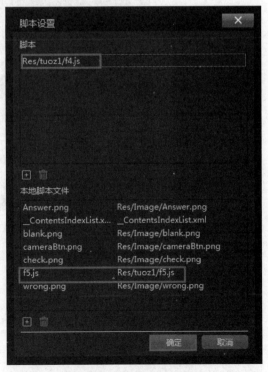

图6-292　脚本设置菜单

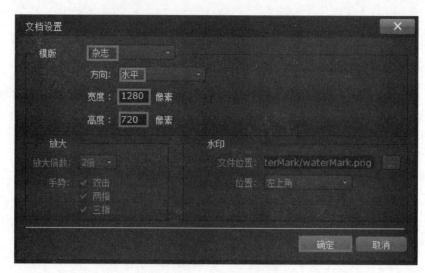

图6-293　文档设置菜单

13.Step13　模板设置

如图6-294所示，新建文章，并将"6知识回顾"添加到文章中，主页功能设置为"退出"，点击"确定"保存设置，并完成场景缩略图的生成。

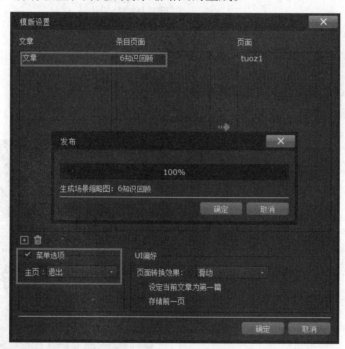

图6-294　模版设置菜单

14.Step14　预览和调整

预览拖拽展示效果是否无误。若有偏差，修改对应的设置，直至准确无误为止。

15.Step15　打包发布

点击主菜单上的"文件"→"发布"→"发布成DreamBook Author文档"，打开发布菜单。在发布菜单中，填写相关内容，并点击"导出"按钮进行发布。

九、案例23 JS教程——适用于多对多的拖拽

本案例主要是学习多对多拖拽效果的制作过程，并按照操作说明独立再现拖拽案例。

本章节的素材放置于"第六章→拖拽2"文件夹中。完成后的页面样式如图6-295所示。可打开追梦布客APP，点击其扫一扫按钮，扫描如图6-296所示二维码，查看案例23的动态效果。

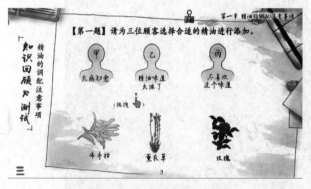

图6-295 案例23效果图　　　　　　　　　图6-296 案例23二维码

1.Step1 新建项目

如图6-297所示，新建一个命名为"拖拽2"的项目。在新建项目菜单中，输入项目名称、保存路径、文档类型和方向、分辨率信息以后，点击"确定"按钮保存信息。

2.Step2 资源库管理

打开资源库菜单，并将素材全部导入资源库中。

3.Step3 新建页面

新建一个页面，在列表模式或缩略图模式时，双击页面名，分别命名为5知识回顾和tuoz2。如图6-298所示，修改tuoz2的文档属性中的宽度为1081，高度为604。

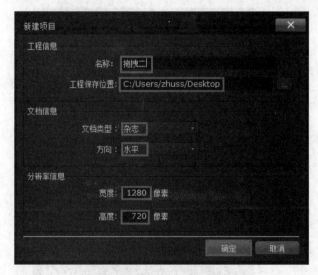

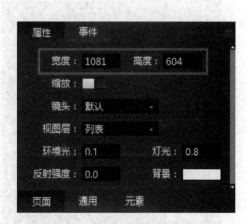

图6-297 新建项目菜单　　　　　　　　　图6-298 tuoz2的属性窗口—文档

4.Step4 新建页面切换

在页面5知识回顾，添加一个页面切换对象。如图6-299所示，将tuoz2添加到页面中，点击"确定"保存设置。

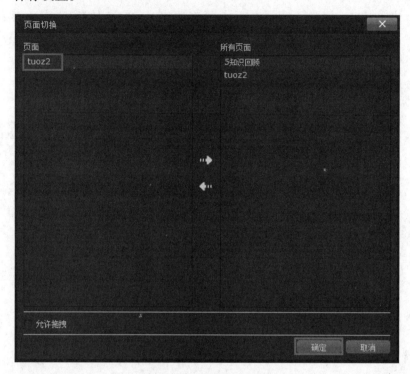

图6-299 页面切换菜单

5.Step5 添加对象

参照案例文件将所有的对象添加到对应的页面中，修改其命名。

6.Step6 对象排序和群组化

如图6-300、图6-301所示，将所有对象进行排序和分组。

图6-300 5知识回顾的对象排序和群组

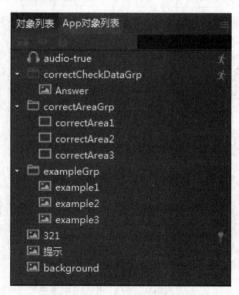

图6-301 tuoz2的对象排序和群组

7.Step7　修改属性

如图6-302、图6-303所示，先选中页面切换对象"SceneChanger"。在其属性窗口中，修改其参数。其他对象的通用属性和元素属性的参数，查看案例文件中设置的参数。

图6-302　SceneChanger的属性窗口—通用

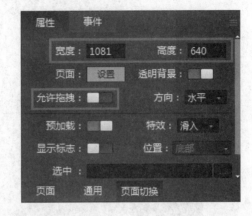

图6-303　SceneChanger的属性窗口—页面切换

8.Step8　动画设置

在页面5知识回顾，新建一个命名为"入场"的动画。在该动画内，添加两个动画对象的不同动画属性。先选中"标题1"对象，新建动画属性。如图6-304至图6-307所示，修改参数并点击设置关键帧按钮 保存设置。其他动画效果参照案例的参数进行设置。

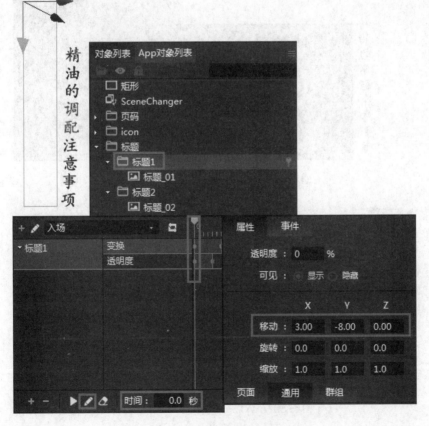

图6-304　入场—标题1动画关键帧1

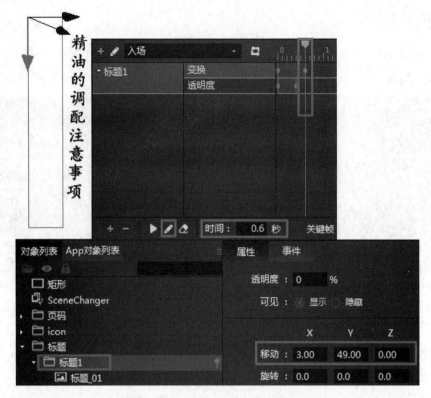

图6-305　入场—标题1动画关键帧2

图6-306　入场—标题1动画关键帧3

图6-307　入场—标题1动画关键帧4

9.Step9　事件动作设置

在页面5知识回顾，添加一个页面启动事件，并在该事件中添加如图6-308所示的播放"入场"动画的动作。

参考案例文件，为该页面的矩形、SceneChanger、tuoz2页面分别添加事件动作。

10.Step10　修改JS脚本

如图6-309所示，用代码编辑器修改JS代码。确认无误后，点击Ctrl+S的快捷方式保存设置。如果图片和对应位置都未变，只须修改红框标出的页面名就可以了。

若要修改其他参数，可见第五章第六节"拖拽脚本"中"适用于多对多的拖拽"的参数说明。

```
1    include("f5.js");
2
3    Motion.addMotion("manyStickerTypeQuestion",{
4        sceneId:"tuoz2",
5        exampleObjsId:["example1","example2","example3"],
6        correctAreaId:["correctArea1","correctArea2","correctArea3"],
7        correctNumberId:
8        [
9            ["example1","correctArea2"],
10           ["example2","correctArea1"],
11           ["example3","correctArea3"]
12       ],
13       tolerance:"100",
14       correctCheckDataGrpId:"correctCheckDataGrp"
15   });
16
```

图6-308　5知识回顾的事件动作设置　　　　　　图6-309　修改脚本

11.Step11　添加脚本

如图6-310所示，添加JS代码动画脚本。设置无误后，点击"确定"保存设置。

12.Step12　文档设置

如图6-311所示，选择杂志模式、水平方向、宽度1280、高度720。确认无误后点击"确定"保存设置。

13.Step13　模板设置

如图6-312所示，新建文章，并将"5知识回顾"添加到文章中。主页功能设置为"退出"，点击"确定"保存设置，并完成场景缩略图的生成。

14.Step14　预览和调整

预览拖拽展示效果是否无误。若有偏差，修改对应的设置，直至准确无误为止。

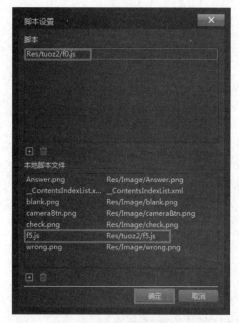

图6-310　脚本设置菜单

图6-311　文档设置菜单

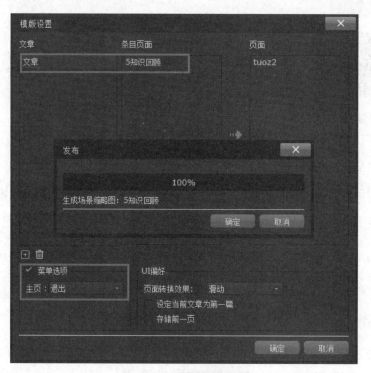

图6-312　模版设置菜单

15.Step15　打包发布

点击主菜单上的"文件"→"发布"→"发布成DreamBook Author文档",打开发布菜单。在发布菜单中,填写相关内容,并点击"导出"按钮进行发布。

十、案例24 JS教程——适用于多对少的拖拽

本案例主要是学习多对少拖拽效果的制作过程，并按照操作说明独立再现拖拽案例。

本章节的素材放置于"第六章→拖拽3"文件夹中。完成后的页面样式如图6-313所示。可打开追梦布客APP，点击其扫一扫按钮，扫描如图6-314所示二维码，查看案例24的动态效果。

图6-313　案例24效果图　　　　　　　　图6-314　案例24二维码

1.Step1　新建项目

如图6-315所示，新建一个命名为"拖拽3"的项目。在新建项目菜单中，输入项目名称、保存路径、文档类型和方向、分辨率信息以后，点击"确定"按钮保存信息。

2.Step2　资源库管理

打开资源库菜单，并将素材全部导入资源库中。

3.Step3　新建页面

新建一个页面，在列表模式或缩略图模式时，双击页面名，命名为tuoz3。

4.Step4　添加对象

参照案例文件将所有的对象添加到对应的页面中，修改其命名。

5.Step5　对象排序和群组化

如图6-316所示，参照案例，将所有对象进行排序和分组。

6.Step6　修改属性

如图6-317、图6-318所示，先选中图片对象"靶"，在其属性窗口中，修改其参数。其他对象的一般属性和元素属性参数请查看案例文件中设置的参数。

图6-315　新建项目菜单

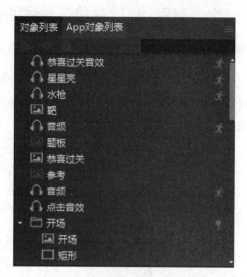

图6-316　对象排序和群组

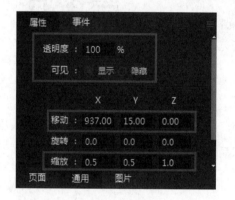

图6-317　靶的属性窗口—通用

图6-318　靶的属性窗口—图片

7.Step7　动画设置

在页面tuoz3，新建一个命名为"小星星1"的动画。在该动画内，添加一个动画对象的动画属性。选中"小星星1"对象，新建动画属性。如图6-319、图6-320所示，修改参数并点击设置关键帧按钮　保存设置。动画设置完毕后，如图6-321所示，点击重复按钮　，使动画重复播放。其他动画效果参照案例的参数进行设置。

8.Step8　事件动作设置

如图6-322所示，为图片对象"靶"添加单击事件，并在该事件中添加的多个动作。

参考案例文件，为该页面、按钮对象"未做题按钮""做对题"分别添加事件动作。

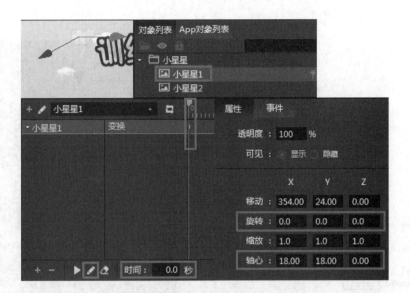

图6-319　小星星1—小星星1动画关键帧1

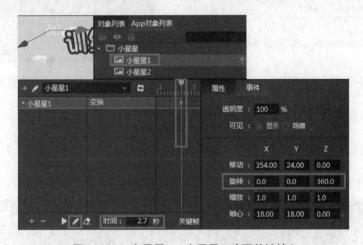

图6-320　小星星1—小星星1动画关键帧2

图6-321　小星星1—小星星1动画设置重复

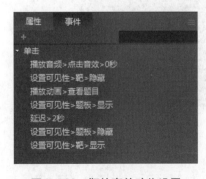

图6-322　靶的事件动作设置

9.Step9　修改JS脚本

如图6-323所示，用代码编辑器修改JS代码。确认无误后，点击Ctrl+S的快捷方式保存设置。如果图片和对应位置都未变，只修改红框标出的页面名就可以了。

若要修改其他参数，可见"第五章第六节拖拽脚本"中"适用于多对少的拖拽"的参数说明。

10.Step10　添加脚本

如图6-324所示，添加JS代码动画脚本。设置无误后，点击"确定"保存设置。

```
1  include('scriptTemplate.js');
2
3  //(sceneId, dragGrp, catesGrpId, cateGrpAr
4
5      Motion.addMotion("classify",{
6      sceneId:'tuoz3'
7      dragGrp:'ball',
8      catesGrpId:'cate',
9      cateGrpArray:['cate1_'],
10     tolerance:150,
11     scale:0.3,
12     correctCheckDataGrpId:'rightResGrp'
13 })
```

图6-323　修改脚本

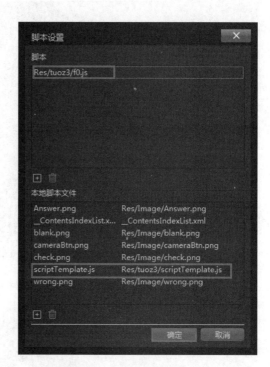

图6-324　脚本设置菜单

11.Step11　文档设置

如图6-325所示，选择杂志模式、水平方向、宽度1024、高度768。确认无误后，点击"确定"保存设置。

图6-325　文档设置菜单

12.Step12　模板设置

如图6-326所示，新建文章，并将"tuoz3"添加到文章中。主页功能设置为"退出"，点击"确定"保存设置，并完成场景缩略图的生成。

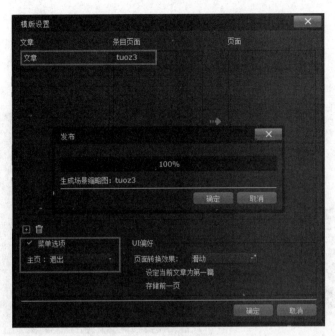

图6-326　模版设置菜单

13.Step13　预览和调整

预览拖拽展示效果是否无误。若有偏差，修改对应的设置，直至准确无误为止。

14.Step14　打包发布

点击主菜单上的"文件"→"发布"→"发布成DreamBook Author文档"，打开发布菜单。在发布菜单中，填写相关内容，并点击"导出"按钮进行发布。

十一、案例25 JS教程——适用于一对多的拖拽

本案例主要是学习一对多拖拽效果的制作过程，并按照操作说明独立再现拖拽案例。

本章节的素材放置于"第六章→拖拽四"文件夹中。完成后的页面样式如图6-327所示。打开追梦布客APP，点击其扫一扫按钮，扫描如图6-328所示二维码，查看案例25的动态效果。

图6-327　案例25效果图

1.Step1　新建项目

如图6-329所示，新建一个命名为"拖拽四"的项目。在新建项目菜单中，输入项目名称、保存路径、文档类型和方向、分辨率信息以后，点击"确定"按钮保存信息。

图6-328　案例25二维码

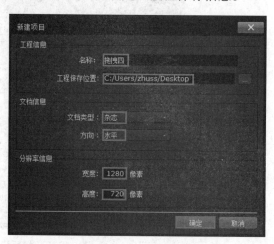

图6-329　新建项目菜单

2.Step2　资源库管理

打开资源库菜单，并将素材全部导入资源库中。

3.Step3　新建页面

新建3个页面，在列表模式或缩略图模式时，双击页面名，分别命名为10-封存、tuoz4和tuoz4-sub。

如图6-330所示，修改tuoz4-sub的文档属性中的宽度为432，高度为509。

4.Step4　新建页面切换

在页面10-封存，添加1个页面切换对象，如图6-331所示，将tuoz4添加到页面中，点击"确定"保存设置。

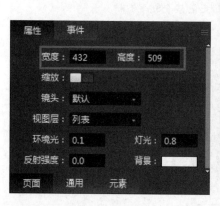

图6-330　tuoz4-sub的属性窗口—文档

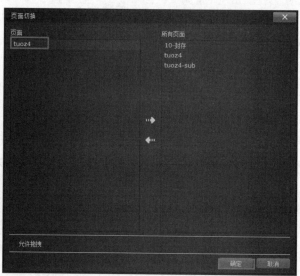

图6-331　页面切换菜单

5.Step5 新建子页面

在页面tuoz4，添加1个子页面，如图6-332所示，将tuoz4-sub设置为子页面对象。

6.Step6 添加对象

参照案例文件将所有的对象添加到对应的页面中，修改其命名。

7.Step7 对象排序和群组化

如图6-333、图6-334和图6-335所示，参照案例，将所有对象进行排序和分组。

图6-332 新建子页面菜单

图6-333 10—封存对象排序和群组

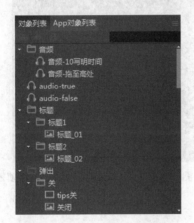

图6-334 tuoz4对象排序和群组

图6-335 拖拽4—sub对象排序和群组

8.Step8 修改属性

如图6-336、图6-337所示，在页面10-封存，先选中图片对象"页码10"。在其属性窗口中，修改其参数。其他对象的通用属性和元素属性的参数，查看案例文件中设置的参数。

图6-336 页码10的属性窗口—通用

图6-337 页码10的属性窗口—图片

9.Step9 动画设置

在页面tuoz4，新建一个命名为"闪"的动画。在该动画内，添加一个动画对象的动画属性。选中"技巧提示"对象，新建动画属性，如图6-338、图6-339和图6-340所示修改参数并点击设置关键帧按钮 ✐ 保存设置。动画设置完毕后，如图6-341所示，点击重复按钮 ■，使动画重复播放。其他动画效果参照案例的参数进行设置。

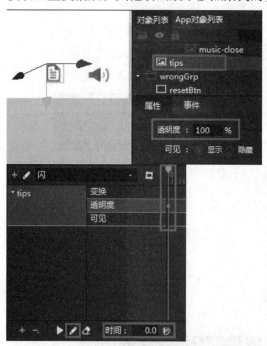

图6-338　闪—技巧提示动画关键帧1

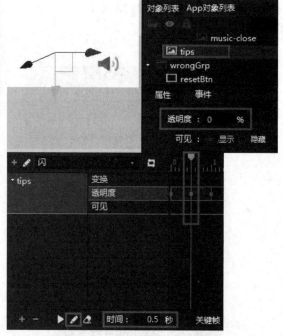

图6-339　闪—技巧提示动画关键帧2

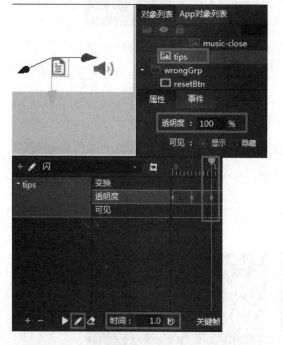

图6-340　闪—技巧提示动画关键帧3

图6-341　闪—技巧提示动画设置重复

10.Step10　事件动作设置

如图6-342所示，在页面tuoz4，为矩形对象resetBtn添加一个单击事件及动作。

参考案例文件，在页面tuoz4，为该页面、音频-10写明时间、音频-拖至高处、矩形、技巧提示关、（内容1）矩形、技巧提示开、（按钮2）开、（按钮2）关、（按钮）开、（按钮）关、next分别添加事件动作。

11.Step11　修改JS脚本

如图6-343所示，用代码编辑器修改JS代码。确认无误后，可点击Ctrl+S的快捷方式保存设置。如果图片和对应位置都未变，只需修改红框标出的页面名就可以了。

若要修改其他参数，可见第五章第六节"拖拽脚本"中"适用于一对多的拖拽"的参数说明。

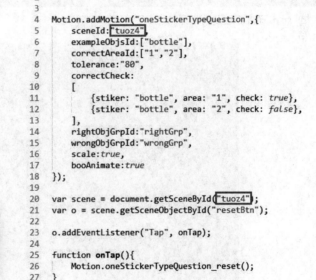

```
1   include("f5.js");
2
3
4   Motion.addMotion("oneStickerTypeQuestion",{
5       sceneId:"tuoz4",
6       exampleObjsId:["bottle"],
7       correctAreaId:["1","2"],
8       tolerance:"80",
9       correctCheck:
10      [
11          {stiker: "bottle", area: "1", check: true},
12          {stiker: "bottle", area: "2", check: false},
13      ],
14      rightObjGrpId:"rightGrp",
15      wrongObjGrpId:"wrongGrp",
16      scale:true,
17      booAnimate:true
18  });
19
20  var scene = document.getSceneById("tuoz4");
21  var o = scene.getSceneObjectById("resetBtn");
22
23  o.addEventListener("Tap", onTap);
24
25  function onTap(){
26      Motion.oneStickerTypeQuestion_reset();
27  }
```

图6-342　矩形的事件动作设置　　　　　图6-343　修改脚本

12.Step12　添加脚本

如图6-344所示，添加JS代码动画脚本。设置无误后，点击"确定"保存设置。

13.Step13　文档设置

如图6-345所示，选择杂志模式、水平方向、宽度1280、高度720。确认无误后，点击"确定"保存设置。

14.Step14　模板设置

如图6-346所示，新建文章，并将"tuoz4"添加到文章中。主页功能设置为"退出"，点击"确定"保存设置，并完成场景缩略图的生成。

图6-344 脚本设置窗口

图6-345 文档设置

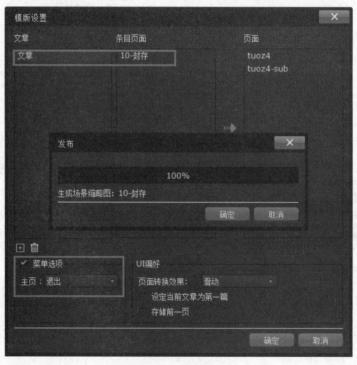

图6-346 模版设置

15.Step15 预览和调整

预览拖拽展示效果是否无误。若有偏差，修改对应的设置，直至准确无误为止。

16.Step16 打包发布

点击主菜单上的"文件"→"发布"→"发布成DreamBook Author文档"，打开发布菜单。在发布菜单中，填写相关内容，并点击"导出"按钮进行发布。

案例26　问题组教程——填空题

本案例主要是学习填空题的制作过程，并按照操作说明独立再现填空题案例。

本章节的素材放置于"第六章→填空题"文件夹中。完成后的页面样式如图6-347所示。打开追梦布客APP，点击其扫一扫按钮，扫描如图6-348所示二维码查看案例26的动态效果。

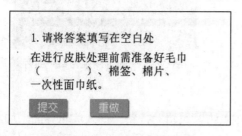

图6-347　案例26效果图　　　　　　　　图6-348　案例26二维码

1.Step1　新建项目

如图6-349所示，新建一个命名为"填空题"的项目。在新建项目菜单中，输入项目名称、保存路径、文档类型和方向、分辨率信息以后，点击"确定"按钮保存信息。

2.Step2　资源库管理

打开资源库菜单，并将素材全部导入资源库中。

3.Step3　新建页面

新建一个页面，在列表模式或缩略图模式时，双击页面名，命名为tiank。

4.Step4　添加对象

参照案例文件将所有的对象添加到对应的页面中，修改其命名。

5.Step5　对象排序和群组化

如图6-350所示，将所有对象进行排序和分组。

图6-349　新建项目菜单　　　　　　　图6-350　tiank的对象排序和群组

6.Step6　修改属性

如图6-351、图6-352所示，先选中图片对象"di"。在其属性窗口中，修改其参数。其他对象的通用属性和元素属性的参数，查看案例文件中设置的参数。

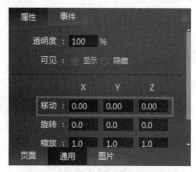

图6-351 di的属性窗口—通用

图6-352 di的属性窗口—图片

7.Step7 问题设置

选择填空题"问题"，在其问题属性窗口中点击"编辑"按钮，进入编辑界面。如图6-353所示，设置得分、选项数、正确答案。如图6-354、图6-355所示，修改问题内对象的文本内容及属性，并排序。完成所有设置后，点击图6-353中的"完成"按钮退出问题编辑。

图6-353 问题的整体设置

图6-354 问题内的对象排序

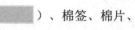

图6-355 问题的文本内容

8.Step8 问答组设置

如图6-356所示，新建问题节点，并将"问题"添加到该节点中。设置无误后，点击"确定"保存设置。

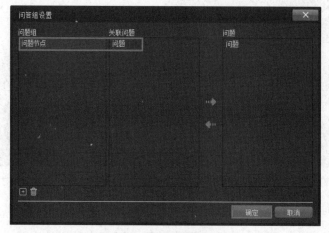

图6-356 问题组设置菜单

9.Step9　设置按钮属性

如图6-357所示，先选中提交按钮，在提交按钮属性窗口中点击"问答群组"的下拉菜单，选择"问题节点"。重做按钮做同样设置。

10.Step10　文档设置

如图6-358所示，选择杂志模式、水平方向、宽度1024、高度768。确认无误后，点击"确定"保存设置。

图6-357　属性窗口—提交按钮　　　　　　　图6-358　文档设置菜单

11.Step11　模板设置

如图6-359所示，新建文章，并将"tiank"添加到文章中。主页功能设置为"退出"，点击"确定"保存设置，并完成场景缩略图的生成。

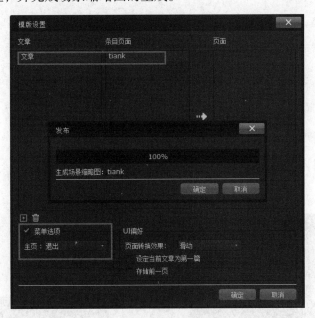

图6-359　模版设置菜单

12.Step12　预览和调整

预览填空题展示效果是否无误。若有偏差，修改对应的设置，直至准确无误为止。

13.Step13 打包发布

点击主菜单上的"文件"→"发布"→"发布成DreamBook Author文档",打开发布菜单。在发布菜单中,填写相关内容,并点击"导出"按钮进行发布。

十三、案例27 问题组教程——判断题

本案例主要是学习判断题的制作过程,并按照操作说明独立再现判断题案例。

本章节的素材放置于"第六章→判断题"文件夹中。完成后的页面样式如图6-360所示。可打开追梦布客APP,点击其扫一扫按钮,扫描如图6-361所示二维码,查看案例27的动态效果。

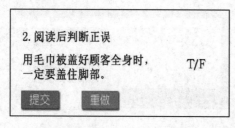

图6-360　案例27效果图　　　　　　　　　　图6-361　案例27二维码

1.Step1 新建项目

如图6-362所示,新建一个命名为"判断题"的项目。在新建项目菜单中,输入项目名称、保存路径、文档类型和方向、分辨率信息以后,点击"确定"按钮保存信息。

2.Step2 资源库管理

打开资源库菜单,并将的素材全部导入资源库中。

3.Step3 新建页面

新建一个页面,在列表模式或缩略图模式时,双击页面名,命名为pand。

4.Step4 添加对象

参照案例文件将所有的对象添加到对应的页面中,修改其命名。

5.Step5 对象排序和群组化

如图6-363所示,将所有对象进行排序和分组。

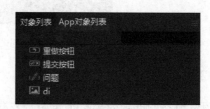

图6-362　新建项目菜单　　　　　　　　　　图6-363　pand的对象排序和群组

6.Step6 修改属性

如图6-364、图6-365所示，先选中图片对象"di"。在其属性窗口中，修改其参数。其他对象的通用属性和元素属性的参数，查看案例文件中设置的参数。

图6-364 di的属性窗口—通用　　　　　图6-365 di的属性窗口—图片

7.Step7 问题设置

选择判断题"问题"，在其问题属性窗口中点击"编辑"按钮，进入编辑界面。如图6-366所示，设置得分、正确答案。

如图6-367、图6-368所示，修改问题内对象的文本内容及属性，并排序。

图6-366 问题的整体设置　　　　　图6-367 问题内的对象排序

2. 阅读后判断正误

用毛巾被盖好顾客全身时，一定要盖住脚部。　T / F

图6-368 问题的文本内容

完成所有设置后，点击图6-368中的"完成"按钮退出问题编辑。

8.Step8 问答组设置

如图6-369所示，新建问题节点，并将"问题"添加到该节点中。设置无误后，点击"确定"保存设置。

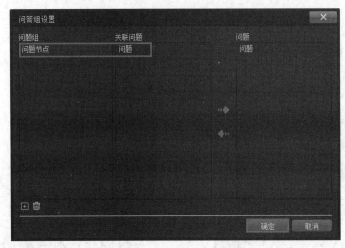

图6-369　问题组设置菜单

9.Step9　设置按钮属性

如图6-370所示，先选中提交按钮，在提交按钮属性窗口中点击"问答群组"的下拉菜单，选择"问题节点"。重做按钮做同样设置。

10.Step10　文档设置

如图6-371所示，选择杂志模式、水平方向、宽度1024、高度768。确认无误后点击"确定"保存设置。

图6-370　属性窗口—提交按钮

图6-371　文档设置菜单

11.Step11　模板设置

如图6-372所示，新建文章，并将"pand"添加到文章中，主页功能设置为"退出"，点击"确定"保存设置，并完成场景缩略图的生成。

12.Step12　预览和调整

预览判断题展示效果是否无误。若有偏差，修改对应的设置，直至准确无误为止。

13.Step13　打包发布

点击主菜单上的"文件"→"发布"→"发布成DreamBook Author文档"，打开发布菜单。在发布菜单中，填写相关内容，并点击"导出"按钮进行发布。

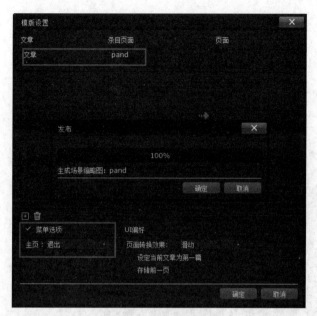

图6-372 模版设置菜单

十四、案例28 问题组教程——连线题

本案例主要是学习连线题的制作过程，并按照操作说明独立再现连线题案例。本章节的素材放置于"第六章→连线题"文件夹中。完成后的页面样式如图6-373所示。可打开追梦布客APP，点击其扫一扫按钮，扫描如图6-374所示二维码，查看案例28的动态效果。

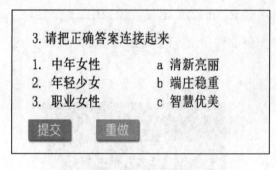

图6-373 案例28效果图

图6-374 案例28二维码

1.Step1 新建项目

如图6-375所示，新建一个命名为"连线题"的项目。在新建项目菜单中，输入项目名称、保存路径、文档类型和方向、分辨率信息以后，点击"确定"按钮保存信息。

2.Step2 资源库管理

打开资源库菜单，并将素材全部导入资源库中。

3.Step3 新建页面

新建一个页面，在列表模式或缩略图模式时，双击页面名，命名为lianx。

4.Step4　添加对象

参照案例文件将所有的对象添加到对应的页面中，修改其命名。

5.Step5　对象排序和群组化

如图6-376所示，将所有对象进行排序和分组。

图6-375　新建项目菜单　　　　　　　　图6-376　lianx的对象排序和群组

6.Step6　修改属性

如图6-377、图6-378所示，先选中图片对象"di"。在其属性窗口中，修改其参数。其他对象的通用属性和元素属性的参数，查看案例文件中设置的参数。

图6-377　di的属性窗口—通用　　　　　图6-378　di的属性窗口—图片

7.Step7　问题设置

选择连线题"问题"，在其问题属性窗口中点击"编辑"按钮，进入编辑界面。如图6-379所示，设置得分、选项数、正确答案。如图6-380、图6-381所示，修改问题内对象的文本内容、一般属性及元素属性，并排序。完成所有设置后，点击图6-379中的"完成"按钮退出问题编辑。

图6-379　问题的整体设置

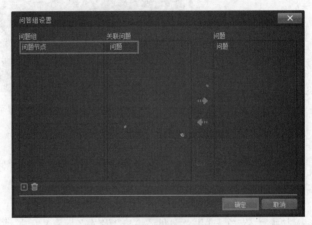

图6-380　问题的文本内容

8.Step8　问答组设置

如图6-382所示，新建问题节点，并将"问题"添加到该节点中。设置无误后，点击"确定"保存设置。

图6-381　问题内的对象排序

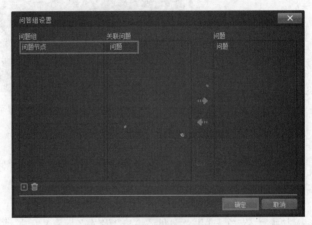

图6-382　问题组设置菜单

9.Step9　设置按钮属性

如图6-383所示，先选中提交按钮。在提交按钮属性窗口中，点击"问答群组"的下拉菜单，选择"问题节点"。重做按钮做同样设置。

10.Step10　文档设置

如图6-384所示，选择杂志模式、水平方向、宽度1024、高度768。确认无误后点击"确定"保存设置。

图6-383　属性窗口—提交按钮

图6-384　文档设置菜单

11.Step11 模板设置

如图6-385所示，新建文章，并将"lianx"添加到文章中。主页功能设置为"退出"，点击"确定"保存设置，并完成场景缩略图的生成。

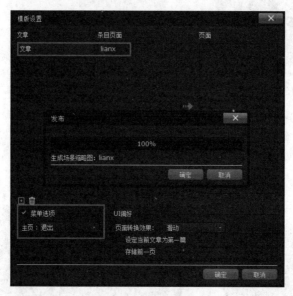

图6-385 模版设置菜单

12.Step12 预览和调整

预览连线题展示效果是否无误。若有偏差，修改对应的设置，直至准确无误为止。

13.Step13 打包发布

点击主菜单上的"文件"→"发布"→"发布成DreamBook Author文档"，打开发布菜单。在发布菜单中，填写相关内容，并点击"导出"按钮进行发布。

十五、案例29 问题组教程——简答题

本案例主要是学习简答题的制作过程，并按照操作说明独立再现简答题案例。

本章节的素材放置于"第六章→简答题"文件夹中。完成后的页面样式如图6-386所示。可打开追梦布客APP，点击其扫一扫按钮，扫描如图6-387所示二维码，查看案例29的动态效果。

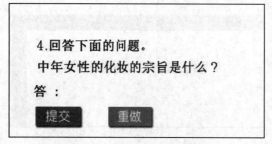

图6-386 案例29效果图

图6-387 案例29二维码

1.Step1 新建项目

如图6-388所示，新建一个命名为"简答题"的项目。在新建项目菜单中，输入项目名称、保存路径、文档类型和方向、分辨率信息以后，点击"确定"按钮保存信息。

2.Step2 资源库管理

打开资源库菜单，并将素材全部导入资源库中。

3.Step3 新建页面

新建一个页面，在列表模式或缩略图模式时，双击页面名，命名为jiand。

4.Step4 添加对象

参照案例文件将所有的对象添加到对应的页面中，修改其命名。

5.Step5 对象排序和群组化

如图6-389所示，将所有对象进行排序和分组。

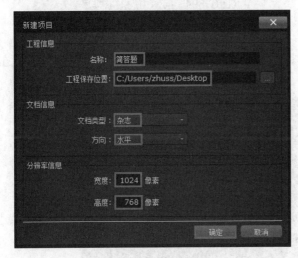

图6-388 新建项目菜单　　　　　　　　　图6-389 jiand的对象排序和群组

6.Step6 修改属性

如图6-390、图6-391所示，先选中图片对象"di"。在其属性窗口中，修改其参数。其他对象的通用属性和元素属性的参数，查看案例文件中设置的参数。

图6-390 di的属性窗口—通用　　　　　　　图6-391 di的属性窗口—图片

图6-392 问题的整体设置

7.Step7 问题设置

选择简答题"问题",在其问题属性窗口中点击"编辑"按钮,进入编辑界面。如图6-392所示,设置得分、正确答案。如图6-393、图6-394所示,修改问题内对象的文本内容、一般属性及元素属性,并排序。完成所有设置后,点击图6-392中的"完成"按钮退出问题编辑。

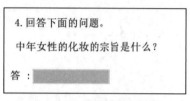

图6-393 问题的文本内容

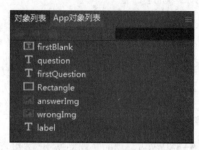

图6-394 问题内的对象排序

8.Step8 问答组设置

如图6-395所示,新建问题节点,并将"问题"添加到该节点中。设置无误后,点击"确定"保存设置。

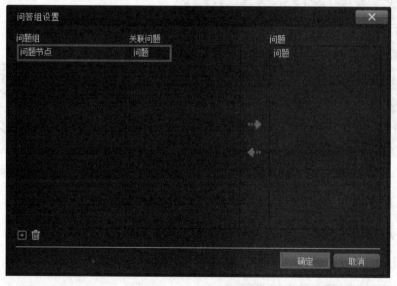

图6-395 问题组设置菜单

9.Step9 设置按钮属性

如图6-396所示,先选中提交按钮,在提交按钮属性窗口中点击"问答群组"的下拉菜单,选择"问题节点"。重做按钮做同样设置。

10.Step10 文档设置

如图6-397所示,选择杂志模式、水平方向、宽度1024、高度768。确认无误后,点击"确定"保存设置。

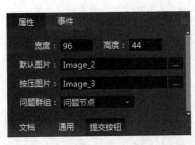

图6-396　属性窗口—提交按钮

图6-397　文档设置菜单

11.Step11　模板设置

如图6-398所示，新建文章，并将"jiand"添加到文章中。主页功能设置为"退出"，点击"确定"保存设置，并完成场景缩略图的生成。

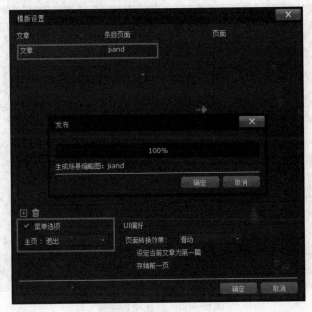

图6-398　模版设置菜单

12.Step12　预览和调整

预览简答题展示效果是否无误。若有偏差，修改对应的设置，直至准确无误为止。

13.Step13　打包发布

点击主菜单上的"文件"→"发布"→"发布成DreamBook Author文档"，打开发布菜单。在发布菜单中，填写相关内容，并点击"导出"按钮进行发布。

十六、案例30　问题组教程——多选题

本案例主要是学习多选题的制作过程，并按照操作说明独立再现多选题案例。

本章节的素材放置于"第六章→多选题"文件夹中。完成后的页面样式如图6-399所

示。可打开追梦布客APP，点击其扫一扫按钮，扫描如图6-400所示二维码查看案例30的动态效果。

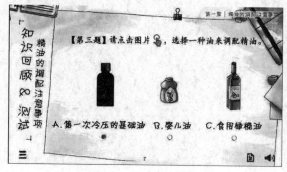

图6-399　案例30效果图　　　　　　　　　图6-400　案例30二维码

1.Step1　新建项目

如图6-401所示，新建一个命名为"多选题"的项目。在新建项目菜单中，输入项目名称、保存路径、文档类型和方向、分辨率信息以后，点击"确定"按钮保存信息。

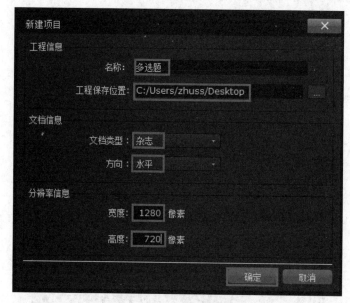

图6-401　新建项目菜单

2.Step2　资源库管理

打开资源库菜单，并将素材全部导入资源库中。

3.Step3　新建页面

新建两个页面。在列表模式或缩略图模式时，双击页面名，分别命名为7知识回顾、duox。

如图6-402所示，修改duox的文档属性中的宽度为1000，高度为600。

4.Step4　新建页面切换

在页面7知识回顾，添加一个页面切换对象。如图6-403所示，将duox添加到页面中，点击"确定"保存设置。

图6-402 duox的属性窗口—文档

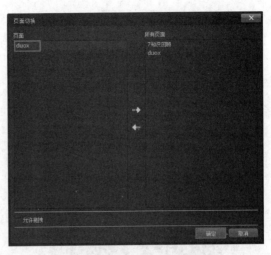

图6-403 页面切换菜单

5.Step5 添加对象

参照案例文件将所有的对象添加到对应的页面中，修改其命名。

6.Step6 对象排序和群组化

如图6-404、图6-405所示，将所有对象进行排序和分组。

图6-404 7知识回顾的对象排序和群组

图6-405 duox的对象排序和群组

7.Step7 修改属性

如图6-406、图6-407所示，在页面7知识回顾，先选中矩形对象"矩形"，在其属性窗口中，修改其参数。其他对象的通用属性和元素属性的参数，查看案例文件中设置的参数。

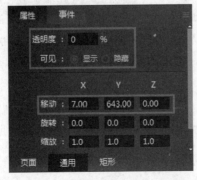

图6-406 矩形的属性窗口—通用

图6-407 矩形的属性窗口—矩形

8.Step8 问题设置

选择多选题"问题",在其问题属性窗口中点击"编辑"按钮,进入编辑界面。如图6-408所示,设置得分、选项数、正确答案。如图6-409所示,修改问题内对象的通用及元素属性,并排序。完成所有设置后,点击图6-408中的"完成"按钮退出问题编辑。

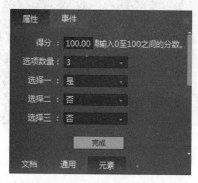

图6-408 问题的整体设置

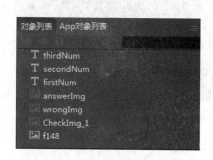

图6-409 问题内的对象排序

9.Step9 问答组设置

如图6-410所示,新建问题节点,并将"问题"添加到该节点中。设置无误后,点击"确定"保存设置。

10.Step10 设置按钮属性

如图6-411所示,先选中提交按钮,在提交按钮属性窗口中点击"问答群组"的下拉菜单,选择"问题节点"。重做按钮做同样设置。

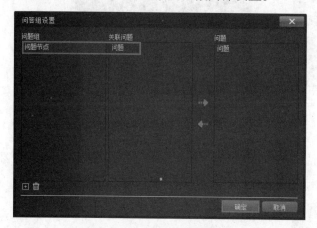

图6-410 问题组设置菜单

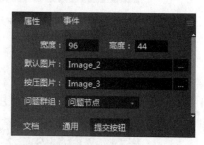

图6-411 属性窗口—提交按钮

11.Step11 动画设置

在页面6知识回顾,新建一个命名为"入场"的动画。在该动画内,添加两个动画对象的不同动画属性。先选中"标题1"对象,新建动画属性,如图6-412至图6-415所示修改参数并点击设置关键帧按钮 保存设置。其他动画效果参照案例的参数进行设置。

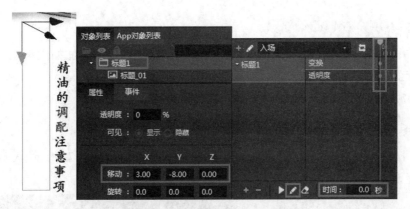

图 6-412　入场—标题 1 动画关键帧 1

图 6-413　入场—标题 1 动画关键帧 1

图 6-414　入场—标题 1 动画关键帧 3

图 6-415　入场—标题 1 动画关键帧 4

12.Step12 事件动作设置

在页面7知识回顾，添加一个页面启动事件，并在该事件中添加如图6-416所示的播放"入场"动画的动作。

参照案例文件，为该页面的矩形、duox页面分别添加事件动作。

13.Step13 文档设置

如图6-417所示，选择杂志模式、水平方向、宽度1280、高度720。确认无误后，点击"确定"保存设置。

图6-416　7知识回顾的事件动作设置　　　　图6-417　文档设置菜单

14.Step14 模板设置

如图6-418所示，新建文章，并将"7知识回顾"添加到文章中。主页功能设置为"退出"，点击"确定"保存设置，并完成场景缩略图的生成。

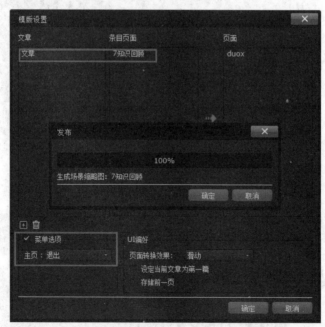

图6-418　模版设置菜单

15.Step15 预览和调整

预览多选题展示效果是否无误。若有偏差，修改对应的设置，直至准确无误为止。

16.Step16　打包发布

点击主菜单上的"文件"→"发布"→"发布成 DreamBook Author 文档"，打开发布菜单。在发布菜单中，填写相关内容，并点击"导出"按钮进行发布。

课堂总结

本章提供了 30 个案例，通过这些案例的学习，可以巩固 DreamBook Author 中各个功能的操作方法，综合运用不同对象的属性特点结合动画、事件动作、JS 代码呈现脚本，从而制作出符合不同需求的 DreamBook 超媒体电子书。